Leaves
Publishing

根
以讀者爲其根本

莖
用生活來做支撐

葉
引發思考或功用

果
獲取效益或趣味

網路創業成功密碼

華文第一本不用懂技術的網路創業書

十萬元創業基金：
低成本門檻，不懂技術也可創業

二十個成功案例：
掌握關鍵成功因素，避開創業陷阱

三十天創業準備：
完整創業流程公開，你也可以成功

作者 **盧旭**

自序

我熱愛網路，所以寫下了這本書。

是希望讓不懂網路的人，也可以透過網路來創造自己的事業。

我所敬愛的已故英業達集團副董事長溫世仁先生，生前以英業達的力量協助位於甘肅河西走廊的黃羊川架設網站，靠著電子商務讓這個貧窮的小山村在2002年冬天就賣出3萬美元的農產品，這就是世人所津津樂道的「黃羊川經驗」；本書深度訪問了二十個網路創業的成功個案，這些成功個案可以說是網路創業領域的「黃羊川經驗」，我希望透過此書，可以複製更多網路創業的「黃羊川經驗」。

一直，我就是一個很喜歡與他人分享自己生活經驗的人；非常歡迎本書讀者在閱讀本書或網路創業的過程中，遇到問題和瓶頸時，可以用電子郵件和我討論，甚至於你可能只有一個網路的創意想法，都可以來信討論，我會盡力提供經驗與資源協助，或是你因為閱讀本書而創業成功，也歡迎來信給我，讓我分享你的成功喜悅。

本書可以順利出版，首先要感謝葉子出版的萬麗慧主編，如果沒有萬主編的「緊迫盯人」，這本書的電子檔可能還儲存在我電腦的某個角落；感謝前卓越雜誌科技組記者方宗廉先生，在個案採訪過程提供很多的經驗與協助；感謝我的內人李京蓓老師的校稿與體諒，感謝願意無私分享創業經驗的每一位個案站長，感謝交通大學數圖組、南華大學出版所、南亞技術學院城中校區、中華青年網路協會、幸福左岸數位科技的好朋友們。

我的個人網站 www.AndreLu.com

我的電子郵件 Andre@AndreLu.com

歡迎來信交流探討網路創業相關議題，期待有一天，我可以再出一本書，是彙整本書讀者的創業成功經驗，而且希望下一次的讀者創業成功個案不只是二十個，而是一百個！與本書讀者共勉之。

幸福左岸數位科技　總經理

南亞技術學院城中校區　資管系講師

盧旭　書於台中大度山下　2006年仲春

目錄

PART II
網路創業成功個案

附錄

[1-1]　創業商品

網路是資訊傳遞的通路，成功的經營電子商務，要旨在於成功的把商品或服務利用網路銷售出去，因此，對一個打算經營電子商務的創業者而言，首先要決定的是要銷售何種商品。就好比一個打算開店賣小吃的人，新店開張前總要知道自己要賣陽春麵還是蚵仔煎。

　　你要在網站上賣什麼，不只是個關係你生意好壞的決策，也是一項困難的決策，以下提供8項選擇商品的原則，選擇創業的商品或服務時，符合越多項特點越容易成功。

1 自己熟悉的商品

　　　消費者為何要向你買東西，無論你是製造商或是通路商，一個最基本的原因是消費者認為你對產品的知識比他豐富。因此，無論你要賣什麼，一定要先使自己成為那方面的專家。選擇自己熟悉的商品，無疑可以使你省去很多準備的時間。

　　　你會熟悉某種商品，也許是家學淵源，如945包子大王網站，站長的父親及祖父都是開設販賣麵食的小店，他們兄弟自然而然對產品及市場就能有深入的了解。另一種情況是你對某種產品有高度的興趣，興趣的驅動力，很容

易可以讓你成為專家。銷售自己感興趣的商品，有另一層心理上的優勢，就是你很容易樂在工作，而這有時是度過難關的重要支撐。

2 要找個人化的商品

個人的化的商品可以甩開價格競爭的不利因素，不但可以吸引消費者，更可以提供營益率，個人化商品最好與個人的特徵有關。如到處都有人在網上賣娃娃，實體店面也有不少，要想異軍突起，似乎只能拼價錢，但有一位仁兄想到將顧客的姓名以手工的方式在泰迪熊的腳上，並且在各網路商城拍賣，不但引吸了消費者的注意，也可以賣更高的價錢。也有經營者在網上銷售寫真印章，買方可以付費刻上有個人肖像印文的印章，可以印在紙張或是信封上。同時也有不少人在網站銷售依消費者外觀特徵製做的公仔娃娃。

個人化商品的製作通常需要依賴人工，因此消費者可以接受較高的價格。而一些可以用機器大量生產的個人化商品，如寫真印章是以自動化的機具處理數位照片而成，雖是個人化商品，但是仍可以大量生產，對經營者而言，可以創造更大的商機。

個人化商品如以傳統的店面方式銷售，會受限於商圈，而以網路的方式銷售個人化商品，則可以將自己的獨

門手藝擴展至全世界，而由於商品的獨特性，將使買方非得要支付較高的費用及運費不可。

3 稀有商品

　　無論以何種通路銷售商品，稀有而獨特的商品總是有機會脫穎而出，如市面上的水餃都包豬肉或是牛肉的，因此當有人推出黑鮪魚水餃，就會受到市場的青睞。有些網路經營者會到中國大陸找尋一些獨具創意的非主流商品，如利用USB介面連接在筆記型電腦上的電扇等。當找到這類商品，並利用網站銷售，往往可以出奇致勝。

4 可取得價格低於目前網路市價很多的商品

　　許多人認為高價產品無法在網站銷售，因為產品單價高，買方承擔的風險也高。但是，據PCHOME副總經理林文欽觀察，只要能提供相當的優惠價格，任何商品都可以在網上銷售。其實這道理也不難理解，如果一部賓士車市價200萬，你在網上賣100萬，其間100萬的價差就會吸引消費者花時間及資源去查證你是否有賣假貨，而只要你真有一部可以用100萬售出的賓士，在網站上是不怕賣不出去的。

　　同理，如果你能取得一項價格遠低於市場行情的商品，那你只要能設法排除消費的疑慮，不怕生意不上門。

而消費者的疑慮通常是可以用各種方法克服的，像是你的網站已存在了一段很長的時間、你很勤快地回答客戶的疑慮、你提供退貨的服務，這些都可以突破貪小便宜的買方的心防，而只要你不是真的騙子，只要成交一次，口碑行銷的作用就會立刻產生。

5 創新的服務

提供市場上不曾出現的服務，如搜尋引擎排序服務，或是架設網站的套裝軟體光碟。新的服務很容易引起市場的注意，善用電子郵件的主旨，把你的服務說明清楚，就可以得到客戶的回響。而一些可以利用網路進行的服務，尤其適合以電子商務的方式進行，如利用網路電話算命，算命師利用視訊親自為客戶解答疑問。不但可以省去客戶車途往返，也可以開擴全球客戶。有些創新的服務項目，雖無法利用網路執行，但是至少可以用網路來進行宣傳。

6 目前已有人在銷售或是提供服務，但是我們有把握做得比競爭者更棒

吸引客戶上門的方法並不只限於產品本身的改良，更好的客戶服務也是吸引客戶的利器，如虛擬主機廠商www.ecmap.net利用msn提供客服，讓客戶隨時找得到人，頗得好評；一些小細節往往能小兵立大功，如精油到處都

有，但是一家精油製造商卻發明一種特別的軟木塞，可以直接把精油利用毛細孔現象揮發出來，而排除使用薰香器的麻煩，就獲得不少顧客的好評。

7 整合型的服務

　　也許網路上有人在賣相關或同樣功能的商品，但是商品種類不齊全，消費者不能一次購足，我們即可整合相關類型商品，讓網友一次夠足，這有些類似量販店的概念。例如切貨網 www.888cut.com、香水網www.1976.com.tw。

　　創業者在建設網站時，由於資源有限，往往必須決定是要先增加商品的類別，還是先求單一類別的豐富度。比較好的方法是先擴充單一類別的豐富度，到可以滿足客戶需求的程度，然後在開始擴充產品的類別。具體來說，如果你是賣3C產品，最理想的情況下是你有賣很多類別的產品，如數位相機、隨身碟、MP3等，並讓每一個類別都有足夠的量去讓客戶精挑細選，仔細比較。如果一時無法達成，那最好先專精一類產品，如先收集幾十款相機，至少能滿足想採購相機之人士的需求，再擴充其他產品的內容。最忌諱的是什麼產品都有，但每一種都只有幾項，無論要買什麼東西的客戶，都會覺得不過癮。

8 隱密性高的商品

一個白天正經八百的男性上班族，晚上在網路上，可能化身爲一位美女，周旋在聊天室的眾男網友中；網路是個公開的隱密世界，而許多在實體世界被視爲禁忌的事，在網上都可以百無禁忌的進行；一個高中老師可能不好意思走進情趣用品店，但是上銷售情趣用品的網站總沒有關係吧。網路特別適合銷售合法但是有禁忌的商品，人們有此需求，但是不好意思在實體店面進行採購，於是只能利用郵購及網路等途徑來購買。

[1-2] 創業比賽

美國哈佛大學最近流行一句話：「If you don't have a start-up idea，you are nobody.（如果沒有創業的好點子，你什麼都不是）。」不過同樣的是如果你有創業的好點子，但是沒有錢，你同樣還是什麼都不是。

要為你的好點子籌到錢，才能讓你成為somebody，而籌錢的方法有很多，你可以向銀行借，也可以找創投公司投資，不過要由這兩種途徑要到錢，你的點子通常不能只是點子，而必須已轉化為商業行為，並且產生營收。如果你真的有錢把你的點子化為行動，本節你未必要參考，而如果你只是有點子而沒有錢，那麼參加創業競賽，是一個不錯的方法，你可以得到一筆資金及專業機構的背書，甚至可以在媒體上曝光，提高知名度，使你對外籌資更為容易。

近來不少企業積極舉辦各項創業比賽，吸引學生組隊參加，不過有些不是每年舉辦。以下3項創業比賽是其中較具代表性的，如果你有好點子，建議找你趕緊一群好朋友共同組隊去參加創業競賽，說不定優勝者就是你。

一、「WeWin創業大賽」 http://www.wewin.com.tw/

總獎額達500萬元的「WeWin創業大賽」是由台灣工業銀

行教育基金會主辦，李國鼎科技發展基金會、工業技術研究院、中華民國創投公會、中華民國對外貿易發展協會、台大創新育成輔導體系、台北科技大學區域產學合作中心、台灣玉山科技協會、台灣技術交易整合服務中心、時代基金會等團體聯合舉辦，並邀請教育部、青輔會、經濟部工業局、中小企業處擔任活動指導，參考美國麻省理工學院(MIT)「$50K」的創業競賽精神，發起「台灣工業銀行創業大賽」活動，希望達到培植青年創業家，輔助具有潛力企業之設立、發展及活化社會、開發創新精神的目的。

為協助優勝團隊設立公司，基金會特別提撥新台幣500萬元，作為競賽基金。其中400萬元為優勝獎金與創業基金，100萬元為舉辦校園巡迴講座、創業研習營及企業診斷等專業訓練，邀請產官學界精英傳承經驗，協助青年掌握產業脈動與科技新知。

「台灣工業銀行WeWin創業大賽」的「WeWin」是代表發揮團隊力量及眾志成城的精神；WeWin代表「Win by Entrepreneurship，Work with Innovation & Networking」，強調創新與科技的重要性，希望在整個競賽過程中，藉由科技新知的應用與再造，發揮集體創意與團隊合作的力量，以爭取勝利成功。

參賽的產業範圍以政府鼓勵的策略性工業為主，包括精密機械、通訊、資訊、軟體、網路、數位內容、光電、生

化、環保及民生10大產業。而參賽團隊須守以下限制：

1. 3人成行，團員1/2須為學生。
2. 參賽隊伍須設連絡人1名，以便主辦單位隨時聯繫，該連絡人必須由學生擔任。
3. 入圍前10名之隊伍，需參加決賽簡報，主要簡報成員亦由學生代表。
4. 參賽隊伍若在他處已取得補助或參與其他競賽活動獲得名次者均需事先揭露，以供評審參考。若已接受其他創業輔導者，不得再參加本競賽。
5. 參賽作品須為參賽隊伍自行創作，不得抄襲或節錄其他任何已發表或未發表之概念、創意及作品。參賽作品之著作權歸屬於參賽隊伍所有，如有任何著作權或其他相關權利糾紛，應由參賽隊伍自行負責。
6. 已商品化之產品，不得參加本競賽。

　　參賽者必須提供計劃書供評審單位審核，本計劃書撰寫格式為A4紙、12級以上字體，不超過50頁。撰寫內容不拘形式，但請儘量完整，各隊可依產業性質自行調整內容；下列計劃書僅供參考之用。而計劃書之參考格式如後：

第一章　摘要

A. 事業概念與願景

B. 機會與策略

C. 目標市場

D. 競爭優勢

E. 獲利性

F. 團隊簡介

第二章　產業、產品或服務

A. 產業性質

B. 產品或服務

C. 投資規模與成長策略

第三章　市場研究與分析

A. 目標顧客

B. 市場規模與趨勢

C. 競爭與競爭疆界

D. 預測市場佔有率與銷售額

第四章　製造與營運計畫

A. 營運週期

B. 製造與營運地點的選擇

C. 設備與製程

D. 策略與計畫

第五章　研發計畫

A. 研發規劃及風險評估

B. 研發成本

C. 專利權規劃

第六章　行銷計畫

A. 整體的行銷策略

B. 定價

C. 促銷

D. 通路

第七章　管理團隊

A. 組織

B. 預定總經理、副總經理及各單位主管

C. 預定支付管理階層酬勞

D.　預定股權結構

E.　預定董事及監察人

F.　專業顧問的支援與服務

第八章　財務規劃

A. 第1年財務計畫（按月表）

B. 5年財務預測分析及年度會計報表分析

C. 損益兩平分析

D. 預計5年營業目標

E. 預計5年股利政策及增資計畫

第九章　整體的時程規劃表

附錄及資料來源

二、TIC科技競賽　http://www.tic100.org.tw/

　　由研華科技基金會主辦，透過創業學習的過程，讓青年展現生命中創新的價值，以激發青年在科技與人文領域的創新行動及創業意識，並提升技術或服務商品化及事業規劃之能力。

競賽目的

連結不同學科背景的青年，透過產、官、學、研界的資源投入與經驗傳承，體驗各事業領域創新創業的真實情境。並透過自主性學習，達成4個階段目標：(1)組織團隊、(2)提出構想計劃、(3)進行產品市場測試、(4)完成事業計劃書與簡報及商品原型。且經由企業或法人合作，以實踐產品與事業的創新。

競賽領域

1 **科技創新領域：** IC設計、自動控制、系統整合、電子電機、機械設備、能源材料、網際網路、無線通訊、數位影音、生技醫療等科技創新應用。

2 **人文創新領域：** 文化創意、工藝商品、休閒旅遊、消費金融、教育傳播、身心障礙等人文創新應用。

競賽資格

1 大專院校、研究所等在校學生組隊參賽（不限科系與國籍）。

2 曾參加TIC100科技創新競賽並入圍決賽，且參與次數未超過5次者（不限在校生）。

3 每個團隊可邀請產、學、研界的學者專家成為團隊成員，競賽現場備詢時以2名為限。

產業贊助專案

1 由企業或法人設立專案題目，需經由大會同意與正式公告，由學生自行聯絡及媒合。

2 媒合成功之團隊，大會補助金需由企業或法人贊助，並在創業計畫書封面上註明清楚。

3 由企業或法人贊助之團隊，仍需遵守參賽資格第3條，僅能有2名員非學生隊員上台備詢。

三、趨勢百萬程式競賽 http://www.trend.org/contest/

競賽說明

　　為培育優秀的軟體人才，趨勢網路軟體教育基金會自2000年開始，藉由每年舉辦的「趨勢百萬程式競賽」，為喜愛軟體設計的大專院校學生進行一場別開生面的實務課程。

參賽資格

1 大專院校、軍校及研究系所學生（含應屆畢業生）。

2 每隊限定5人，多一不可，缺一也不行。職務分工方面，參賽隊伍須擁有：程式開發、程式測試、使用者介面設計、簡報（presentation）等能力。

競賽項目包括

1 產品規格書（Market Requirement Document）

2 程式設計架構與邏輯及技術文件（Design Document）

3 程式測試程序與案例（Test Cases）

4 使用手冊與安裝手冊（Manual and Installation Guide）

5 團隊合作精神與分工默契

競賽方式

1 於網路上進行淘汰賽，入選10隊進行決賽。

2 決賽於台北舉行，參賽隊伍需入闈3天。

3 決賽題目當天發佈、第4天即進行評審與頒獎。

[2-1] 公司設立

電子商務的經營可以沒有店面,但是如果規模做大後,成立一個工作室或是公司是必須的,如果沒有公司登記不但不能開票,也難以取得消費者信任,甚至可能因為未依法納稅,落個逃稅的罪名。因此建議有意長久經營的經營者,正式成立公司,方為上策。

辦理公司登記,在經濟情況允許的情況下,委託會計師事務所辦理較為便利,費用大約是台幣1萬多元,一般來說大約是1、2個月就可以把整個公司登記完成。建議可找認識的會計師事務所,也可上網找或看經濟日報、工商時報的分類廣告版,多方比價。

公司設立的程序,基本上是法律賦予公司一個人格,所以有關公司成立,在辦完營利事業登記之後,一個公司才可以真正去做營業行為,因為營利事業登記證拿到之後,還要到各個稅捐機關申請發票,才能開立發票買賣。如果公司的營業項目有涉及到進出口的話,最後還要向國貿局去做進出口廠商設立登記的申請。

設立公司時，要經過幾個步驟：

1 決定公司型態

公司型態可以分為以下幾類，工作室、 企業社、有限公司、股份有限公司。如果是股份有限公司的話，要找7個以上的股東。

股份有限公司與有限公司的區分何在。公司法規定公司實收資本額5億以上的股份有限公司才要在設立登記後3個月發行股份，5億以下的公司可以依照章程規定，不發行股份。另一個比較大的個區隔應該是有限公司的出資轉讓有一定的限制，股東出資的轉讓須要有股東過半數的同意，董事出資的轉讓須要得到全體股東的同意；在股份有限公司部分，原則上股份轉讓是自由的，除非說是發起人的股份或是員工認股的股票才有限制。

2 公司名稱預查

在2001年11月14日公司法修正施行前，如果經營同一種業務的時候，名稱不得相同或是相似。比如說現在台灣的公司大多有做進出口貿易，所以兩家公司營業項目上如都有進出口這一項的話，在認定上就是認為從事同一種業務，而一旦認定是從事同一種業務的時候，名稱就不能相同或相似。公司法修正之後，只管名稱相不相同，如果取一個叫「台積電子」，另外一個取「台積投資」，雖都有進

出口貿易，但主管機關認定上就是名稱不同。 有些名稱涉及到比較特殊的行業，比如說「投資」、「控股」、「海運承攬運送」等，必須是公司營業項目有這些行業才能夠使用。在設立公司名稱之初，一般會計師事務所會請申請人提供 5 個名稱提供預查。 （公司名稱預查 http://210.69.121.50/~doc/ce/cesc1211.html）

③ 尋找公司登記地址

並不是每一個地點都可以設立公司，必需在土地使用分區管制允許公司設立的地點才可以做為公司登記的地址。在許多分類廣告上可以找到，小型辦公室出租訊息，忠孝東路四、五段很多商務中心，也提供位置供人出租。

④ 登記資本額

有限公司最低資本額是50萬，股份有限公司的話是100萬。這不代表設立公司真的要拿出這麼多錢。一般來說只需要放在銀行3個工作天左右，最好是週五放，週一、二即可取出。部分會計師事務所可代墊資本額，行情是100萬資本額的代墊利息費用為3000元， 但是這是遊走法律邊緣，有不小風險。

5 公司登記及營利事業登記

　　有關公司登記受理機關部分，資本額5億以上的公司主管機關是商業司，5億以下則是各地主管機關。登記事項如有變更，要向各主管機關的變更登記，並在變更後15天之內進行，如果沒有作變更登記申請，處1萬元以上、5萬元以下罰鍰。也許有些資料在15天之內沒有辦法拿到，可以把現有的資料送交主管機關，然後在補正的時間內補正。這樣可以先避免被罰。

　　因為營利事業登記是在公司設立登記之後申請，因此所需文件就是公司登記的相關文件（如說公司的登記事項表、公司章程、股東名冊、負責人身分證影本等），再來就是營業所在地相關文件。在台北市政府是要求一定要附建築物使用證明、地籍圖、測量圖等其他工務局所核發的資料，要證明公司所在地有無符合使用區分的一些規定。

6 國稅局申請領取發票

　　客戶向你買東西，多半會希望索取發票，而當你申請公司設立完成，就可以向國稅局請領發票。行號店家申請登記設立後，會先發下營利事業登記證，後轉報國稅局，待國稅局派員查核後，審定發票使用及行業課稅分類，前後約再需一到二週。

7 聘請記帳士或會計師記帳

　　許多經營電子商務的業者，公司的人手不多，無法聘請一位專職的會計人員，因此需要聘請1位記帳士或會計師事務所協助記帳，記帳的行情費用大約為每月台幣2000~3000元，1年以13~14個月計費，多出來的1~2個月費用是補貼記帳士或會計師事務所年底增加了整年度結算報稅的工作量，以及一整年的文具使用費用。另外說明的是，每個月會計師事務所也會幫忙帶買發票並郵寄發票過來，至於以公司名義支出的款項，如果開立公司統一編號的發票，亦可寄回會計師事務所幫忙處理。

[2-2] 商標及專利

除非你經營事業的哲學是只想短期獲利，否則你不可以
不注意申請商標的相關法令。積極的方面，你可以擁
有一個專屬的、可累積品牌價值的「商標」，它是受法令保
障，別人不可以提出一個和你類似的商標；另一方面，了解
相關的知識，可以讓你不會在無意間侵犯別人的權益。

　　一般來說，申請一個專利的費用，因為申請的國家或地
區而有所不同，以台灣來說，委託專利商標事務所申請一個
專利的費用大約在台幣3萬多元左右；每家公司的成立，都免
不了要設計一個代表自己公司的商標，但是關於專利的申請
有些人會覺得離自己太遠，因為是小型企業，非從事商品的
製造，因此總會考慮申請專利是否有必要，或是也會考量申
請專利能否通過審查，其實申請專利的範圍很廣，一種創新
的服務方式有時也可以取得專利權，所以如果你有新的想法
或點子，也許可以當作是對自己的小投資。

　　有關專利法規的運用分為積極面及消極面兩種，極積面
是利用專利申請為你帶來利潤，最近幾年有許多國際大廠來
告台灣的廠商侵犯專利權，為的就是要台灣廠商支付大筆的
專利授權費用；而國內廠商申請專利名列前矛的鴻海，則聘
有專業法律人才，隨時準備為自己的專利權而戰；在消極

面，你可以保障自己使用專利的權利，避免受到競爭對手或模仿者提出侵權的干擾。例如 eBay 的固定價格拍賣和其線上支付方式的某些部分（BuyNow）侵犯了由 MercExchange 公司擁有的專利權，而被美國聯邦法院判決須賠償 2500 萬美金。

　　商標及專利的申請管理在台灣是由經濟部智慧財產局負責，讀者可以到網站查看相關法規。（http://www.tipo.gov.tw/）

商標

　　商標就是俗稱的「品牌」、「牌子」，其最原始的目的是為了讓消費者能夠更容易記住商品。申請註冊商標有什麼好處？可以得到法律的保護。如果有人想申請和自己已註冊相近似的商標，法律會禁止他申請。

商標的功能有以下兩種

1 標明品牌

商標是為了表彰自己營業之商品，以與他人商品相區別。

2 企業的無形資產

商標為「無言的推銷員」，消費者只要購買使用該商標商品後，因能保證品質，消費者自會反覆購買，並進而介紹他人購買，而達廣告之作用。經多年使用後，促使該商標建立起商場信譽，而成為企業的無形資產。

一、商標管理的法規及申請

（一）商標法對商品標示或廣告的規定

永全國際專利商標事務所的網站對商品的標示
有清楚的說明，以下爲其摘要：

我國現行的「商品標示法」，係於民國71年1
月22日訂定公布，全文共18條，民國80年1月及
89年4月又分別修正部分條文，商品標示法之主管
機關在中央爲「經濟部」，直轄市或縣（市）則爲
「直轄市政府」或「縣（市）政府」；而商品標示
法對商品之標示，或者商品廣告之行爲（第13條
準用），採原則性的規範，但若有其他法律對於商
品標示有較嚴格之規定時，則適用其他較嚴格的法
律規定。

商品標示法中所指的商品標示，主要是指廠商
對於「商品本身」、「內包裝」、「外包裝」或者在
「說明書」上，對於商品的「名稱」、「內容」、
「用法」或「其他相關事項」所爲的表示，皆屬於
商品標示法中所規範之「標示」事項。

而商品標示法第5條，更規範商品之標示或商
品廣告，不得有以下之事項：「一、虛僞不實者。
二、標示方法有誤信之虞者。三、有背公共秩序或
善良風俗者。」又商品標示法第8條至第11條，則

分別對商品之標示或商品廣告，分成「應標明之事項」以及「未經核准不得標註之事項」兩大部分：

1 應標明之事項：

「商品標示法」第8條中明文指出，商品經包裝出售者，應於包裝上標明左列事項：

1. 商品名稱。
2. 廠商名稱及地址；其為進口者，並應加註進口廠商之名稱及地址。
3. 商品內容：
   (1) 主要成分或材料。
   (2) 重量、容量或數量；其單位如非度量衡法規定之單位，應加註度量衡法規定之單位。
   (3) 規格或等級。
4. 國曆或西曆製造日期及有效期限。
5. 其他依中央主管機關規定應行標示之事項。

　　商品標示法第9條更明定：「商品有左列情形之一者，應標明其用途、有效日期、使用與保存方法及其他應行注意事項：一、有危險性者。二、有時效性者。三、與衛生安全有關者。四、具有特殊性質需特別處理者。」

再者，由於商品標示法第8條是採一般性商品的概括規定，但有部分商品因性質較特殊，第8條之標示規定不能完全適用或有所不足，因此在商品標示法第12條中規定：「中央主管機關得就性質特殊之商品，規定其應標示事項及標示方法，不受第8條規定之限制。」，而授權予中央主管機關以命令之方式規範特殊商品之標示或廣告，而目前中央主管機關經濟部所訂定之規範，分別有「玩具商品標示基準」、「電器商品標示基準」、「服飾標示基準」、「織品標示基準」、「手推嬰兒車商品標示準」、「嬰兒床商品標示基準」、「文具商品標示基準」及「資訊、通訊、消費性電子商品標示基準」等基準，廠商在進行這些商品之標示或廣告時，皆應依該類商品之標示基準為之，方屬符合商品標示法之規定。

　　商品標示法第11條則規定外銷之商品，應於商品本身或內、外包裝上，以中文或規定之外語譯文標明其產地。

2 未經核准不得標註之事項：

　　商品標示法第10條：「左列事項未經該管

主管機關核准者，不得標示；其前經核准而已失效者，亦同：一、商標授權使用。二、專利權。三、技術合作。四、其他依法應經核准方得標示之事項。前項第二款專利權之標示，應註明其專利名稱及證書字號；第三款技術合作之標示，應註明有效期間及合作對象。」需經由其專責主管機關核准後，始得以於商品上標示之規定。

而違反商品標示法之處罰，於第14條明訂商品未依商品標示法規定採行商品標示或廣告（第13條準用）者，直轄市或縣（市）主管機關，應通知廠商限期改正或暫行停止其陳列或販賣；又第15條第一項規定：「違反本法規定，經通知而逾期不改正者，處五千元以上五萬元以下罰鍰，其情節重大，報經中央主管機關核准者，並得處以停止營業或勒令停業之規定。」，第16條進一步規定，罰鍰若拒不繳納者，可強制執行；上述為商品標示法的相關規定，而目前商品的標示及進行廣告，除了商品標示法之規定外，事實上仍有其他特別法之規範，由以下的內容一併說明。

（二）與商標相關的其他法令對於商品標示或廣告之規定

1 公平交易法

　　首先公平交易法第21條第1、2及第3項規定：「事業不得在商品或其廣告上，或以其他使公眾得知之方法，對於商品之價格、數量、品質、內容、製造方法、製造日期、有效期限、使用方法、用途、原產地、製造者、製造地、加工者、加工地等，為虛偽不實或引人錯誤之表示或表徵。事業對於載有前項虛偽不實或引人錯誤表示之商品，不得販賣、運送、輸出或輸入。

　　廣告代理業在明知或可得知情形下，仍製作或設計有引人錯誤之廣告，與廣告主負連帶損害賠償責任。廣告媒體業在明知或可得知其所傳播或刊載之廣告有引人錯誤之虞，仍予傳播或刊載，亦與廣告主負連帶損害賠償責任。」而公平交易法施行細則第26條：「事業有違反本法第二十一條第一項、第三項規定之行為，中央主管機關得依本法第41條命其刊登更正廣告。前項更正廣告方法、次數及期間，由中央主管機關審酌原廣告之影響程度定之。」；另

外，公平交易法第41條則規定罰則：「公平交易委員會對於違反本法規定之事業，得限期命其停止、改正其行為或採取必要更正措施，並得處新台幣五萬元以上二千五百萬元以下罰鍰；逾期仍不停止、改正其行為或未採取必要更正措施者，得繼續限期命其停止、改正其行為或採取必要更正措施，並按次連續處新台幣十萬元以上五千萬元以下罰鍰，至停止、改正其行為或採取必要更正措施為止。」，相較於商品標示法第5條及第15條之規定，公平交易法顯屬更為嚴格之法律規定。

2 消費者保護法

依消費者保護法第7條第2項及第3項規定：「商品或服務具有危害消費者生命、身體、健康、財產之可能者，應於明顯處為警告標示及緊急處理危險之方法。」以及「企業經營者違反前兩項規定，致生損害於消費者或第三人時，應負連帶賠償責任。」又同法第10條亦規定：「企業經營者於有事實足認其提供之商品或服務有危害消費者安全與健康之虞時，應即回收該批商品或停止其服務。但企業經營

者所為必要之處理，足以除去其危害者，不在此限。

　　商品或服務有危害消費者生命、身體、健康或財產之虞，而未於明顯處為警告標示，並附載危險之緊急處理方法者，準用前項規定。」另外，在商品廣告之部分，消費者保護法第23條第1項及第24條則規定：「刊登或報導廣告之媒體經營者明知或可得而知廣告內容與事實不符者，就消費者因信賴該廣告所受之損害與企業經營者負連帶責任。」及「企業經營者應依商品標示法等法令為商品或服務之標示。輸入之商品或服務，應附中文標示及說明書，其內容不得較原產地之標示及說明書簡略。輸入之商品或服務在原產地附有警告標示者，準用前項之規定。」又施行細則第25條規定：「本法第二十四條規定之標示，應標示於適當位置，使消費者在交易前及使用時均得閱讀標示之內容。」，是為消費者保護法中，對商品標示或廣告之相關規定。

3 商標法：

　　其中商標法第26條第3項規定：「商標授

權之使用人，應於其商品或包裝容器上為商標授權之標示。」，主要規範商標授權之使用人，應於商品上以標示；又同法第27條規定：「違反前條第三項規定，經商標主管機關通知限期更正，逾期不更正者，應撤銷其商標授權登記。」由此可知，當商標授權之使用人於商品上不為商標授權之標示時，主管機關得依職權通知更正，甚至撤銷其商標授權登記。

4 專利法

其中專利法第82條：「發明專利權人應在專利物品或其包裝上標示專利證書號數，並得要求被授權人或特許實施權人為之，其未附加標示者，不得請求損害賠償。」係為專利權人應在其專利物品上標示專利權號之規定，否則將不得依其損失請求賠償；又專利法第82條第2項則規定：「非專利物品或非專利方法所製物品，不得在物品或其包裝上附加請准專利字樣，或足以使人誤認為請准專利之標示。」，而違反專利法第83條不實標示之罰則，則規定於同法第130條之虛偽標示罪：「違反第八十三條規定者，處六月以下有期徒刑、拘役或科或併

科新臺幣五萬元以下罰金。」，此一「虛僞標示罪」所需負之責任為刑事責任，且依專利法第130條規定，該罪係屬於「非告訴乃論」之罪（一般人所稱之公訴罪），亦應特別注意。

5 刑法

我國現行刑法第255條第1項及第2項係規定：「意圖欺騙他人，而就商品之原產國或品質為虛僞之標記或其他表示者，處一年以下有期徒刑、拘役或一千元以下罰金。」及「明知前項商品而販賣或意圖販賣而陳列，或自外國輸入者亦同。」，是為我國刑事普通法對於商品上有虛僞標記時，所採取刑罰之規定；由於刑法第255條第1項之違法構成要件，需要有「意圖欺騙」之故意，又第2項則必需具備有「明知」之主觀意思，方有刑法第225條第1、2項之構成要件；又由於第255條第1項中僅規定「原產國」或「品質」兩個部分，至於「原產國」或「品質」以外的虛僞標示，除了「商標、商號」於刑法第253條特別有「僞造、仿造商標、商號罪」可論處外，依刑法第1條「罪刑法定主義」之精神，對於「原產國」或「品質」以外的虛

偽標示，在刑法第255條之適用上恐有相當之困難性及爭議，是以我國刑法對於商品虛偽標示之處罰範圍顯有不足。

雖然刑法對商品虛偽標示之違法適用範圍有其不足之處，然所幸我國已有其他相關的法令，可補充刑法對商品虛偽標示範圍之不足，是以若行為人存脫法心態在其商品上作「原產國」或「品質」以外的虛偽標示，縱使不會有刑法第255條之罪責，仍有其他相關法令可加以處罰，是以切勿抱著僥倖的心理而以身試法。

6 食品衛生管理法及健康食品管理法

其中食品衛生管理法第8條：「本法所稱標示，係指於下列物品用以記載品名或說明之文字、圖畫或記號：一、食品、食品添加物、食品用洗潔劑之容器、包裝或說明書。二、食品器具、食品容器、食品包裝之本身或外表。」又食品衛生管理法第17條及第18條，亦分別規定有容器或包裝之食品或食品用洗潔劑，應以中文及通用符號顯著標示各事項；而食品衛生管理法第19條第1、2項規定：「對於食品、食品添加物或食品用洗潔劑所為之標示、宣傳或

廣告，不得有不實、誇張或易生誤解之情形。
食品不得為醫療效能之標示、宣傳或廣告。」
違反食品衛生管理法對於商品標示之規定者，
依同法第29條規定：「食品、食品添加物、食
品器具、食品容器、食品包裝或食品用洗潔
劑，經依第24條規定抽查或檢驗者，由當地主
管機關依抽查或檢驗結果為下列之處分：三、
標示違反第17條、第18條或第19條第1項規定
者，應通知限期回收改正；屆期不遵行或違反
第19條第2項規定者，沒入銷毀之。」，並於第
30條、第31條訂定違反相關規定之罰則。又健
康食品管理法第6條則規定：「食品非依本法之
規定，不得標示或廣告為健康食品。食品標示
或廣告提供特殊營養素或具有特定保健功效
者，應依本法規定辦理之。」並於同法第13條
及第14條，分別規範健康食品之標示及廣告內
容及範圍，並於第21條至第29條中，亦確定訂
有相當金額之罰則規定。

7 貿易法

貿易法第17條規定：「出進口人不得有左列之行為：未依規定標示來源識別、產地或標示不實。」

8 進口貨品產地標示不實案件處理原則

本原則規定：「廠商進口貨品，不得有產地標示不實情事，進口貨品本身或其內外包裝上如標示不實製造產地；或標示其他文字，圖案，有使人誤認其產地之虞者。」以及「進口之貨品，如國內法另有有關標示之規定者，仍應遵照國內法之規定辦理。」為我國對進、出口商品標示之管制規範。

二、商標審核及行政救濟流程

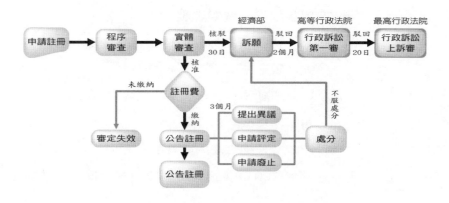

專利

一、專利法規及申請

依據專利法之規定，專利可以分為以下3種，其創新的程度也有不同：

（一）發明專利

謂利用自然法則之技術思想之高度創作。

1 申請發明專利必須無以下情況發生

1. 申請前已見於刊物或已公開使用者。但因研究、實驗而發表或使用，於發表或使用之日起6個月內申請專利者，不在此限。

2. 有相同之發明或新型申請在先並經核准專利者。

3. 申請前已陳列於展覽會者。但陳列於政府主辦或認可之展覽會場，於展覽會之日起6個月內申請專利者，不在此限。

2 下列各款不予發明專利

1. 動、植物新品種。但植物新品種育成方法不在此限。

2. 人體或動物疾病之診斷、治療或手術方法。

3. 科學原理或數學方法。

4. 遊戲及運動之規則或方法。

5. 其他必須藉助於人類推理力、記憶力始能執

行之方法或計劃。

6. 發明妨害公共秩序、善良風俗或衛生者。

7. 有關微生物新品種得予發明專利，應於中華民國加入關稅暨貿易總協定，且該協定與貿易有關之智慧財產權協議書生效滿1年後施行之。但本國人及與中華民國有微生物新品種互惠保護條約協定之國家之國民不在此限。

（二）新型專利

對物品之形狀、構造或裝置之創作或改良所頒發之專利。

1 無下列情事之一者，得申請取得新型專利

1. 申請前已見於刊物或已公開使用者。但因研究、實驗而發表或使用，於發表或使用之日起6個月內申請新型專利者，不在此限。

2. 有相同之發明或新型申請在先並經核准專利者。

3. 申請前已陳列於展覽會者。但陳列於政府主辦或認可之展覽會，於展覽之日起6個月內申請專利者，不在此限。

新型專利係運用申請前既有之技術或知識，而為熟習該項技術者所能輕易完成且未能增進功效時，不得申請取得新型專利。

2 下列物品不予新型專利

1. 妨害公共秩序、善良風俗或衛生者。
2. 相同或近似於黨旗、國旗、軍旗、國徽、勳章形狀者。

（三）新式樣專利

謂對物品之形狀、花紋、色彩或其結合之創作。

1 無下列情事之一者，得申請取得新式樣專利

1. 申請前有相同或近似之新式樣，已見於刊物或已公開使用者。
2. 有相同或近似之新式樣，申請在先並經核准專利者。

　　新式樣係熟習該項技術者易於思及之創作者，雖無前項所列情事，仍不得依本法申請取得新式樣專利。

　　近似之新式樣屬同一人者，得申請為聯合新式樣專利，不受前兩項之限制。

同一人不得就與聯合新式樣近似之新式樣申請為聯合新
式樣專利。

2　下列各款不予新式樣專利

　　1. 純功能性設計之物品造形。

　　2. 純藝術創作或美術工藝品。

　　3. 積體電路電路佈局及電子電路佈局。

　　4. 物品妨害公共秩序、善良風俗或衛生者。

　　5. 物品相同或近似於黨旗、國旗、國父遺像、
　　　國徽、軍旗、印信、勳章者。

（四）專利申請及行政救濟流程

發明專利案審查及行政救濟流程圖

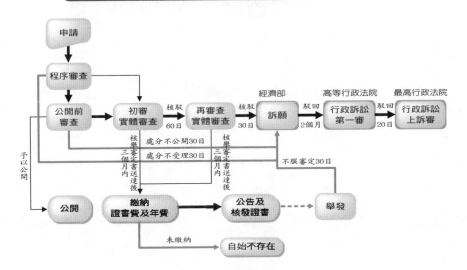

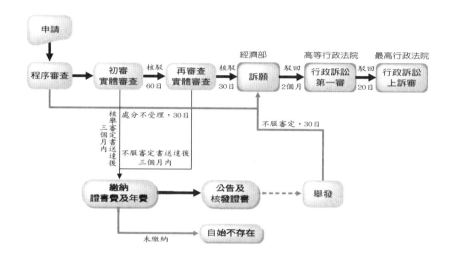

新式樣專利案審查及行政救濟流程圖

資料來源：經濟部智慧財產局

http://www.tipo.gov.tw/patent/patent.process.asp

[2-3]　創業貸款

每一個成功的創業者背後都有一個提供第一筆創業資金的貴人，郭台銘開創了台灣第一大製造業，但是開始時由母親提供了10萬元的創業基金，雷虎科技在生產模型飛機引擎方面，是世界的領導廠商之一，但是公司成立時，由創辦人由姐姐處取得2萬元的創業基金。

　　無論你是不是郭台銘，你一定需要一筆創業基金，除了有一個支持你的姐姐和母親外，你要如何去取得創業基金呢，政府為獎勵創業而設立的創業貸款由於利息低，比起一般商業銀行提供的貸款，優惠很多。

　　在申請創業貸款的過程中，建議你直接找提供貸款的銀行洽談，坊間有不少人打著能為你申請到優惠貸款的晃子行騙，或收取高額的手續費用，請記得要務必小心。

　　適合中小型企業的政府優惠貸款，主要有青年創業貸款及微型企業貸款2種，其中後者必須年滿45歲才能申請，2種主要創業貸款的詳細規定如下所述。

一、青年創業貸款

　　辦理單位行政院青年輔導委員會：

貸款資格

1 中華民國國民在國內設有戶籍者。

2 年齡在20歲以上45歲以下，具有工作經驗，或受過經政府認可之培訓單位相關訓練者。

3 服役期滿或依法免役者。

4 為所創事業負責人或出資人，且不得有經營其他事業或有其他任職情事者。

5 事業體原始設立登記未超過3年，且具實際經營事實之農工生產事業或服務業。

申貸金額

1 申貸金額不得超過登記出資額，但所創事業無須辦理登記者，不得超過自籌資金。

2 每人每次最高貸款額為新臺幣4百萬元；其中無擔保貸款，每人每次最高為新臺幣1百萬元。

3 同一事業體貸款總額最高新臺幣1千2百萬元，其中無擔保貸款部分，不得高於新台幣3百萬元。

4 經中小企業創新育成中心輔導培育企業之創業青年，申請青年創業貸款，每人每次最高貸款額度得不受前項限制，其中無擔保貸款部分為每人每次最高新台幣150萬元。

貸款利率

　　青年創業貸款利率，按郵政儲金2年期定期儲金機動利率加年息1.45％機動計息。移送中小企業信用保證基金保證者應按規定計收保證手續費。

償還期限

1 無擔保貸款期限6年，貸款貸出後12個月內按月繳納利息，自第13個月起分60個月平均攤還本息。

2 擔保貸款期限10年，貸款貸出後36個月內按月繳納利息，自第37個月起分84個月平均攤還本息。但所提供之擔保品耐用年限如未達10年者，得以其實際耐用年限作為擔保貸款期限。

擔保及保證

1 申請擔保貸款，應提供十足抵押品。

2 申請無擔保貸款，應依承辦銀行徵授信規定辦理。

辦理方式

　　本項貸款申請手續簡便，可以直接到創業所在地的各承辦銀行去申辦。如對相關規定有不明瞭的地方，亦可以參加青創貸款申辦說明會，現場有本會榮譽輔導員及銀行人員免費提供解說及指導填寫創業計畫書。

承辦銀行

各縣市都有指定之承辦銀行，可以至青輔會網站查詢。

青年創業貸款詳細說明

http://www.nyc.gov.tw/chinese/01st/article_detail.php?ID=105

二、微型企業創業貸款

辦理單位：經濟部中小企業處

貸款資格

1 滿45歲以上至65足歲，具有下列條件之一者：

2 申請創業貸款計畫時正依法辦理登記之微型企業（係指依法辦理登記之事業組織，不分行業，員工數未滿5人者）。所創或所營微型企業登記設立未超過1年。

申貸者限制

1 不得有經營其他事業或其他任職情事。

2 本貸款限由事業登記負責人提出申請。

3 已領取軍、公、教及公營企業退休金或其他依法領取退休金者，不得申貸。

前述3款由申貸者出具切結書，並檢附勞工保險被保險人投保資料表。第1項第1款以勞工保險被保險人投保資料

表登載之投保單位為認定基準，除投保於自創事業、職業工會者外，投保於其他事業者一律不得申貸。申貸者如有合理理由證明申貸時已無工作，但因故尚有投保紀錄者，應先辦理退保手續始可申貸。申貸者係投保農保，且無實際從事農業工作者，應於切結書另作無工作之切結。

貸款用途：

購置廠房、營業場所、機器設備或營運週轉金。

貸款額度：

依其計畫所需之資金8成貸放，惟每一借戶申請貸款總額度不得超過新臺幣100百萬元，得分次申請。

還款期限：

最長6年，含寬限期1年。

還款方式：

每月付息乙次，寬限期屆滿後本息按月平均攤還。貸款未清償期間，申貸者若欲變更負責人或移轉股份或出資額，應先報請承貸金融機構依貸款對象及限制之規定審核核准後始可辦理，否則貸款視同到期應立即清償。

借款人負擔之貸款利率及手續費

借款人負擔年息3%固定利息。除申請信用保證需另行支付手續費，及必要之徵信查詢規費外，承貸金融機構不得向申貸者收取任何額外費用。

政府補貼之利率及方式

依郵政儲金1年期定期儲蓄存款機動利率加碼計算（加碼部分不得超過3個百分點）固定利息。請勞委會籌措經費補貼，由中小企業處辦理

申貸程序

1 本貸款以事業登記負責人名義申貸，撥貸前須完成設立登記，如提供之擔保品登記為所創事業名義得以所創業事業體名義申貸。

2 由承貸金融機構依較簡便之徵、授信程序從速核貸。

3 辦理本貸款得選定經理銀行經理之。

保證條件及財源

1 依承貸之本國金融機構規定辦理，必要時得送請中小企業信用保證基金或其他保證基金提供最高8成之信用保證。

2 本案之信用保證基金來源，財團法人中小企業信用保

證基金由配合行政院專案核准，辦理捐助專案保證專款之中美基金與開發基金所捐助餘款支應；其他保證基金之保證財源，由其主管機關協調籌措支應。

3 其他未規定者，依承貸之本國金融機構相關規定辦理。

查核

1 承貸金融機構應依行政院勞工委員會及經濟部中小企業處之規定項目，按月向經理銀行回報申貸者資料。

2 適時辦理微型企業創業貸款經理銀行、承貸金融機構及申貸者訪查作業，訪查辦法另訂之；查核業務由經濟部中小企業處會同相關機關辦理；有關查核所需經費由行政院勞委會及經濟部中小企業處共同會商籌措。承貸金融機構應配合訪查作業，並備齊相關資料供訪查單位查驗。

呆帳責任

公營金融機構辦理本貸款之經辦人員，對其非由於故意、重大過失或舞弊情事所造成的呆帳，依審計法第77條第1項第1款之規定得免除全部之損害賠償責任，並免除予以糾正之處置。本國民營金融機構及保證基金之呆帳責任，比照辦理。

[3-1] 網域名稱

要成立一個網站，首先要申請一個網域名稱，否則別人不知如何找到你。好比，當你要上雅虎首頁，你只要輸入www.yahoo.com.tw，無論你在何方，網站的首頁就會出現在你面前。網域名稱是如何決定的，請看本節就知分解。

網域名稱爲分以下4個部分，

www.gotomarry.com.tw
D   C   B A

A 部分是屬於個別國家的國家代碼。tw代表中華民國，cn代表中華人民共和國，cc則代表椰子島。此外如果你高興，你可以找到LV，等「名牌」國家。你可以向任意國家的管理單位申請網域名稱，以取得其國家代碼。

B 是個別國家在管理時所制定的分類代碼，可由個別國家自訂（例如台灣就有 .game.tw 和 .club.tw），有些國家爲了要讓網址更短，吸引人來申請，也會把B部分省略（例如：.cc 或 .tv等），這些網域管理的政策是由個別國家制定的。

C 是使用者在註冊購買網域名稱時，可自己選擇的部分。這

個網域名稱通常會和公司的品牌有關係，如你輸入 WWW.BMW.COM，你猜你會進入那一家公司的網站？

D 部分是可由使用者自訂的，一般來說，使用者會將之設定為 www，但使用者在管理自己的網域名稱時，可以自訂任意英文字，如shop、car等。D部分的網域名稱，可稱為副域名或次域名。

一、網域名稱

網域名稱分兩種，一種是國際性機構管理的，另一種是個別國家管理的，不論哪一種都可從網路連結。

1 國際性的網域名稱

包括的網域名稱有.com、.net、.org、.info、.name、.biz。如果你要取一個網域名稱，為 WWW.ABC.COM，你必須向國際性的管理機構來申請網域名稱。

由於網際網路是從美國發源，因此所謂國際性機構管理網域名稱，其實就是由美國的機構在管理，近年來已經有不少國家有些異議，但現況依然是由美國機構在管理。

國際性的網域名稱，申請人資格不限，只要上網

申請填寫資料，並完成信用卡或匯款的付款手續，在很短時間內，就可以擁有一個網址，如果你是用刷卡來付款，大約在幾分鐘之內，網域名稱就可以歸你管理了。

② 個別國家的網域名稱

包括有台灣 .com.tw 、.tw，中國大陸 .com.cn 、.cn，德國 .de 、法國 .fr 等（完整網域名稱，如附錄壹）

如果你要申請的網域名稱為 WWW.ABC.COM.TW，那麼就必須向各國政府指定的網址管理機構來申請。

個別國家的網域名稱大部分是由本國的機構做管理，也有些資訊比較不發達的國家，會委託國外的公司來代為管理自己國家的網域名稱，甚至於有一些國家，因為國家代碼好記，或是剛好有比較特殊的意義（例如：.to 、.cc 、.tv等）而希望很多人註冊，成為國家的重要收入來源之一。

個別國家的網域名稱，申請人資格是由各國政府制定的，有些國家會限定申請人為本國人或是在本地有投資企業的外國人，有些國家則是不限定申請資格，可在網路上直接申請，目前由於國際化的關係，越來越多國家的網域名稱可以直接在網路上申請。

二、網域名稱的註冊費用

　　網域名稱的註冊費用並沒有固定的收費標準，它跟一般商品一樣，會因為註冊商的不同，註冊費用有所不同，有些註冊商會附帶提供轉址等加值服務，所以在註冊購買前，可以貨比三家不吃虧。

　　一般來說，國際性的網域名稱 .com 不需要首次註冊費用，每年年費用從台幣300多元到800多元不等。台灣的網域名稱費用波動較小，但需要首次註冊費用約台幣400至450元，每年年費約台幣800至900元。

三、網域名稱的註冊流程與機構

　　註冊流程其實很簡單，就是到註冊機構的網站查詢、申請，並填寫資料，之後付款，即可取得網址，中國大陸的網域名稱可直接在線上申請，在幾年前，台灣申請網域名稱還需要傳真公司營利事業登記證，不過現在已經不需如此了，但是仍需填寫公司統一編號等資料。

　　不過，值得一提的是，目前台灣網域名稱中.com.tw、org.tw、idv.tw也開放國外網友從國外的註冊機構申請，由於從國外申請.com.tw是不需要填寫公司統一編號等資料，因此不少沒有公司登記的台灣網友，會從國外的註冊機構申請.com.tw。

1 申請台灣網域名稱的註冊管理機構

- 協志科技　http://reg.tisnet.net.tw/
- 亞太線上　http://rs.apol.com.tw/
- 中華電信　http://nweb.hinet.net/
- 網路中文　http://www.net-chinese.com.tw/
- 網路家庭　http://myname.pchome.com.tw/
- 數位聯合　http://apply.seed.net.tw/apply/general/index.htm
- 台灣固網　http://www.anet.net.tw/
- 雅虎奇摩　http://tw.domain.yahoo.com/
- 台灣電訊　http://www.ttn.net.tw/

2 申請中國大陸主要網域名稱的註冊管理機構
（詳細列表請見附錄一）

- Xinnet新網　http://www.xinnet.com/
- 中國萬網　http://www.net.cn/
- 中國頻道　http://chinachannel.com.cn/
- 新網互聯　http://www.dns.com.cn/
- 中資源　http://www.zzy.cn/

3 申請國際性主要網域名稱的註冊管理機構
（詳細列表請見附錄二）

- RegisterMore　http://www.registermore.com/

（站長爲台灣網友，可註冊多國網域名稱，並提供免費網站轉址及信箱轉址）

- GoDaddy　http://www.godaddy.com/
- MelbourneIT　http://www.melbourneit.com.au/cc/domain-search/international

4　申請世界各國區域名稱的註冊管理機構

另外，如果希望申請一個比較特殊的網域名稱（例如：.LV、.CD等）可參考本書的附錄三的世界各國網域名稱註冊管理機構。

四、購買網域名稱之後──設定DNS

很多人以爲購買網域名稱之後，只要租用虛擬主機的網路空間，就可以開站了，其實中間還有一個很重要的步驟，叫做 Domain Name Server（簡稱DNS）設定。

Domain Name Server 中文翻譯爲「網域名稱伺服器」（簡稱DNS），DNS機器的功能就是把我們所申請的網址對映成電腦IP位址，由於不論是我們租用虛擬主機或是自家主機，都會有一個網路上獨立的IP位址（類似於我們實體公司或住家的地址），我們在申購網域名稱（Domain Name）之後，要租用或購買一台或多台DNS供我們使用，讓網友在流灠器上鍵入我們的網域名稱後，DNS可以指向我們的主機上。

具體來說，要把網域名稱輸入DNS的指定欄位，讓其與一組IP位置結合。

　　設定DNS後，網站要等72小時才能使用，因為必須全球的DNS進行資料更新，才能正確的引導網域名稱到指定位置。

　　一般來說，如果是租用虛擬主機的話，廠商會提供1至2組DNS伺服器供我們填寫使用，如果是自家主機的話，網路上也有幾家免費的DNS提供廠商，主要的免費DNS提供廠商，如：

- Zoneedit　http://www.zoneedit.com/
- Xname　http://www.xname.org/
- NO-IP　http://www.no-ip.com/

[3-2]　虛擬主機

一、關於主機

希望在網路上經營網站，首先當然是要在網路上找一個「家」，上一章提到的網域名稱，只是門牌或地址，要在網路上有個「家」，就是需要有一個網路空間。

要在網路上有一個空間，大致上來說，有3個選擇：

1 自家主機

自己在家裡安裝伺服器軟體，讓自家電腦變成網路主機，但要24小時開機，且須具備主機管理技術，並要考慮停電，網路斷訊等風險，不建議一般網友使用。

2 實體主機

租用一整台主機，放在專業主機廠商的機房（例如：中華電信機房），但是因為費用不便宜，每年費用都要10~20萬元以上，適用於大型網站，小型創業的網友，我們通常不建議一開始就租用實體主機。

3 虛擬主機

租用實體主機中的部分網路空間，稱為虛擬主

機，由於費用較為便宜，而且也是放在專業機房的網路空間，每月依據空間不同，年租費用約在 5,000~10,000 元之間，對於小型創業的廠商來說，是比較划算的。

二、虛擬主機

要租用虛擬主機時，應該有如下的考量：

1 平台與資料庫

依據主機使用的軟體平台和資料庫系統，目前虛擬主機大致上分為 Linux 主機搭配 MYSQL 資料庫 和 Windows 主機搭配 MSSQL 資料庫 兩種，如果就一般網站來說，使用者兩種平台，在功能上的差異不大，但是 Linux 主機搭配 MYSQL 資料庫屬於免費軟體，所以在虛擬主機的年租費用部分會比較便宜，Windows 主機搭配 MSSQL 資料庫是屬於 Microsoft 微軟的軟體，必須付費購買軟體，因此虛擬主機的費用會稍微貴一些。

2 主機平台與網站的程式語言

如果所經營的網站並非純網頁，而是有程式在後台執行的網站，我們在租用虛擬主機時，就必須要考慮到網站程式的撰寫語言，一般來說，如果網站程式

使用PHP語言撰寫的話，會使用Linux主機搭配MYSQL資料庫，如果是使用ASP語言撰寫程式，會使用Windows主機搭配MSSQL資料庫。

3 **虛擬主機商的客服與信譽**

　　虛擬主機等於是我們網路上的家，因此在租用之前，也可以在搜尋引擎或討論區上，探聽一下我們準備要租用廠商的信譽，或是試著先發信到廠商的客服信箱詢問，測試一下他們回信的速度與客服態度。

[3-3] 程式設計

一般人會以為，好像不懂得程式設計，就不能經營網站，其實這是錯誤的觀念。

只要有創新的想法和點子，我們可以不用懂程式，不用懂設計，一樣可以在網路上提供服務給眾多的網友。

由於網路技術的發展日新月異，網路上的應用程式有很多，但是目前最主要應用到的網路程式語言大致上有兩種，一種是PHP，一種是 ASP。兩種程式語言，功能上並沒有特別大的差異，主要是運作的虛擬主機平台不同。

一般來說，如果網站程式使用PHP語言撰寫的話，會使用Linux主機搭配MYSQL資料庫，如果是使用ASP語言撰寫程式，會使用Windows主機搭配MSSQL資料庫。

如果是一般小型的創業，筆者會建議使用PHP程式語言去做系統的開發，一方面虛擬主機的租用費用會稍微比較便宜，另一方面由於PHP程式語言，Linux主機及MYSQL資料庫三者主要是走自由軟體的路線，所以免費的資源相對比較豐富。

一、要哪裡找程式設計師

1 中國大陸

可透過全國性或地方性人才招聘的網站，招聘兼職程式設計人才或專案外包。

1. 全國性主要人才招聘網站

    前程無憂人才招聘 http://www.51job.com/

    卓博人才招聘 http://www.jobcn.com/

2. Mycase 專案項目外包 http://www.mycase.cn/

    必得網專案外包 http://www.51bid.net/

2 台灣

可透過專案外包網 找到專案程式設計人才

AboutCase 專案外包銀行 http://www.aboutcase.com/

104 專案外包網 http://www.104case.com.tw/

二、如何找合適的程式設計師

有了創新的想法和點子後，再來就是要找到一個合適的程式設計師來執行程式的設計。

1 工作型態

有些程式設計師是專職的SOHO（工作室）有些則是白天有在其他公司上班，利用業餘或假日來承接專案。專職的程式設計師，在聯絡上會比兼職的設計

師容易，兼職的程式設計師則可能因為工作的關係，對於某個領域的網站程式特別熟悉，因此這兩者各有特色。

② 過去作品與經驗

找到了幾位程式設計師之後，要詢問他們程式撰寫的年資，以及請他們提供之前作品（例如某個網站或某個管理系統），一般程式設計師會提供網站的作品，讓我們直接在網路上觀看，我們就可選擇有做過類似我們希望開發系統的程式設計師，因為雖然程式語言一樣，但是如果有開發過類似系統的經驗，可能會更容易上手。

③ 結合其他網路應用的能力

一個網站上所具備的元素，並非只有網站程式一項，當網站程式撰寫完成後，可能需要與其他網路應用的軟體搭配，例如: 需要將程式套入 HTML 網頁，將程式與 Flash 動畫結合等，所以程式設計師必須要具備基本的整合能力，這是選擇程式設計師上面，一個很重要考量的因素。

4 溝通方式

　　有些專職的程式設計師可能約地方碰面討論，但是有些程式設計師偏向於使用網路討論（例如：使用 msn、skype、qq等）所以要依據自己習慣的溝通方式，在發包專案給設計師時，先約定好溝通的方式，未來在專案進行中，才會有順暢的溝通。

[3-4] 網頁設計

網頁設計的概念－網頁設計的「357黃金法則」

法則一：3點擊法則

在網站架構的規劃上，要讓使用者可以在滑鼠Click（點擊）3下之內，到達使用者所希望到達的網頁，讓使用者不會在網站上「迷路」，建議可善用下拉式選單、動態選單，或網站導覽的頁面，讓使用者可以很快到達他要瀏覽的頁面。

法則二：5步驟法則

要設計讓一位新的使用者可以在5個步驟內，完成他要完成的目標，目標包括：完成購物程序、完成下載軟體，或得到他想要搜尋到的資訊。步驟的定義為註冊會員、搜尋、加入購物車、結帳，都是個別的一個步驟。

法則三：7秒鐘法則

由於網路上的資料很多，使用者對於網頁出現的速度會非常在意，如果網頁無法在7秒鐘內完整呈現，使用者會認定這個網站無法正常讀取，以後可能不會再造訪，這對於網站

來說，可以說是「致命的7秒鐘」，一般來說，建議每一個網頁的總K數在500K以內。

一、要哪裡找網頁設計師

1 中國大陸

可透過全國性或地方性人才招聘的網站，招聘兼職程式設計人才或專案外包。

- 前程無憂人才招聘　http://www.51job.com/
- 卓博人才招聘　http://www.jobcn.com/
- Mycase專案項目外包　http://www.mycase.cn/
- 必得網專案外包　http://www.51bid.net/

2 台灣

可透過專案外包網或專業設計社群找到專案程式設計人才。

- AboutCase專案外包銀行　http://www.aboutcase.com/
- 104專案外包網　http://www.104case.com.tw/
- 設計魔力　http://twdesign.net/
- 黑秀——台灣設計師入口網站　http://www.heyshow.com/
- PHP台灣論壇資源網　http://www.twbb.org/

二、如何找合適的網頁設計師

網頁設計其實是很主觀的，跟任何一樣事物的美感一樣，沒有一定的標準，網頁設計的美感部分。必須視個案與設計師協調,但是除了美感之外，還是有一些基本的設計法則，也就是本節前面所述的網頁設計的「357黃金法則」。

1　查看過去設計作品：

一位網頁設計師的風格 大概可從過去他的作品略知一二。如果過去的作品讓我們覺得滿意的話，這樣委請他設計的專案，應該就可以設計出我們所滿意的標準和感覺。

2　網頁設計和平面設計不完全相同：

有些人要做網頁，就找之前長期配合的平面設計師協助製作， 結果看得到就是網站上放了我有掃描過的平面宣傳圖，這樣是不對的，當然並不是說平面設計師就不會網頁設計，有些設計師，在平面與網頁設計都有很好的表現，只是說，平面設計與網頁設計的特性不同，對於版面的編排與圖檔大小的處理也都有不同的考量，所以我們在找網頁設計師時必須要特別考量他的專長是在平面設計或網頁設計。

[3-5] 開放原碼軟體

網路上有很多熱心的程式設計師，平常除了工作之餘，會自行開發一些軟體放在網際網路上給其他網友使用，並且釋出這些軟體的原始碼，讓更多的程式設計師可以根據軟體原始碼繼續開發出更好的軟體。這樣的軟體，就稱為「開放原始碼軟體」。這類的軟體通常都是可以免費下載使用，不需要支付軟體使用的版權費用，因此受到很多網友的歡迎。

「開放原始碼軟體」的軟體本身雖然是免費的，但是由於軟體還是需要「安裝」、「管理」及「網站樣版更新」等服務，因此有一些提供這類服務的公司就應運而生，這些公司專門提供「開放原始碼軟體」的周邊服務工作，並收取服務費用。

當然，在購物網站的領域，也是有開放原始碼的軟體，而且有些還有繁簡體中文版本可供下載使用，目前購物網站的開放原始碼軟體最普遍被使用的就是OS Commerce的購物平台。

有心經營購物網站的朋友，就算不懂得程式及網頁設計，只要委託資訊公司協助安裝OS Commerce軟體（簡稱OSC），亦可輕鬆透過後台來管理網站，一般來說，使用OS

Commerce平台架設購物網站，會比獨立請程式設計師開發網站可節省2/3以上的費用。

OS Commerce是一套功能完備的網路商店架站軟體，具備會員管理、產品管理、訂單管理、付款機制等功能，使用PHP程式及MySQL資料庫，屬於開放原始碼的自由軟體。且不需任何網頁程式基礎，安裝完成後，即可讓商品上線。

不過OS Commerce也有其缺點，就是OS Commerce的版面與操作流程大致上是固定的，因此在調整版面及新增或修改網站功能比較沒有彈性。所以筆者建議一開始準備網路創業的朋友可先使用OS Commerce架設購物網站經營，等到購物網站達到一定的規模之後，可再請程式設計師開發更符合自己網站服務特性及功能的網站，以吸引及留住更多的網路消費者。

● OS Commerce 簡體中文支援站

http://www.oscommerce-cn.com/

● OS Commerce 繁體中文支援站

http://www.kmd.com.tw/

[4-1] 網路金流

網路金流目前很多提供服務的廠商，有個人金流、網路刷卡機制、虛擬帳號、便利商店付款等，細說如下：

1 個人金流

　　個人即可申請，通常適用於小額的個人買賣和網路拍賣。由網路賣家提供賣家個人的電子郵件、行動電話、帳號等資料給網路消費者，網路消費者即可透過個人金流的平台付款給賣家。

● ezPay個人帳房　　http://www.ezpay.com.tw/
● 玉山銀行 eCoin　　https://ecoin.esunbank.com.tw/

圖1　個人金流圖示

2 網路刷卡機制

　　一般來說，申請此類型的網路繳款機制，必須要有公司營利事業登記證，因此適合以公司名義經營網站的經營者使用，申請此類型的繳款機制的優點是功能較多，可提

供線上查詢訂單等功能，網路消費者可直接於購物網站點選結帳連結，並連結至金流平台進行繳款動作後，可再連結回來原來的網站。

- FreePay　http://www.freepay.com.tw/
- 綠界科技　http://www.greenworld.com.tw/
- 紅陽科技　http:// www.esafe.com.tw/

圖2　網路刷卡機制圖示

3 虛擬帳號

客戶在網站上完成購買手續後，給予客戶一個獨立的轉帳帳號。讓廠商可以在客戶繳款後，辨識是由哪一位客戶轉進來的款項。

- 土銀──電子商務金流（含線上刷卡）

  http://www.landbank.com.tw/bank/business/a_9_2.htm
- 大眾銀行──收易利

  http://www.tcbank.com.tw/event/121va/home.html
- 聯邦銀行──虛擬帳號繳款

  http://www.ubot.com.tw/vpayment/page_01.htm

圖3 虛擬帳號付款圖示

購物網站 ← → 銀行 ← → ATM自動櫃員機 銀行臨櫃匯款 ← 網路消費者

4 便利商店付款

便利商店繳款機制可到5大超商通路繳款，由於部分網路消費者至今仍不放心在線上使用刷卡方式繳款，請消費者至便利商店繳款，不但兼具便利性，亦可避免線上繳款的風險，受到不少網路消費者的喜愛，是目前主要的收付款方式之一。

● 紅陽科技──超商代收付

http://www.esafe.com.tw/24pay.asp

● 數位聯合──超商代收

http://product.seed.net.tw/products%20business/bc/bc.htm

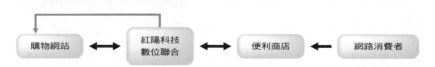

圖4 便利商店付款圖示

購物網站 ← → 紅陽科技 數位聯合 ← → 便利商店 ← 網路消費者

[4-2] 物流通路

電子商務成也物流、敗也物流，成功之處在因為有物流系統，可以讓特定懶得出門的消費者在家中坐等商品上門，而敗在物流的原因在於產生的物流費用，會造成不小的成本。以一件2000元的商品為例，如果廠商的毛利是1000元，動輒近百元的貨運費用就佔了毛利的10%，而其還有人員的薪資要計算，同時不要忘計處理貨運的包裝等工作也都需要人力及材料。不過，不管你要花多少物流成本，貨不送出門，就做不成生意。

選擇物流廠商最重要的關鍵在於你要運送的商品是常溫還是低溫輸送。後者需要的費用較高。此外，時間也是重要的考量因素，如果買方下訂後要等7天才能交貨，相信會讓許多買方情願直奔店面買貨就好。

目前可以選擇的物流管道可以分為幾類：

其中郵局算是最便宜的，但是無法到府取件。宅急便可以到府取件，並可以提供常溫及低溫配送，但是費用卻較高。一般的貨運公司則居中，可以到府取件，且費用也不算高，但是不宜運送太過精密的產品。各種物流通路的優缺點比較如後：

1 傳統郵寄

郵局　http://www.post.gov.tw/

優點：郵資便宜，適用於外島郵寄。

缺點：郵局的收件營業時間過短，只有一般上班時間，不可到府取貨。

2 宅急便

黑貓宅急便　http://www.t-cat.com.tw/

台灣宅配通　http://www.e-can.com.tw/

優點：標榜當日5點前寄，隔日中午前即可到貨，可郵寄冷藏冷凍食品，可到府取貨。

缺點：費用較貴，外島郵資太高。

3 一般貨運

大榮貨運　http://www.tjoin.com/

新竹貨運　http://www.hct.com.tw

優點：郵資便宜，可到府取貨。

缺點：不適合郵寄精密的數位商品。

[4-3] 網路行銷

許多人把網站當成宣傳工具，誤以為只要設了網站就會有客戶自動上門，網站開張後只是全世界數億個網站的其中一個，顧客自己找上門的機會並不高，因此要試著在網路上做行銷，讓更多的網路消費者看到。網路廣告行銷活動的方式，會隨著網路技術、頻寬及新奇的創意而不斷在進步，不過大致上來說，有下列5種目前比較受到網站經營者歡迎的網路行銷方式。

一、關鍵字廣告

如果你仔細回想一下，自己是如何找到新的網站，最有可能的方式是，利用搜尋引擎輸入關鍵字，然後由密密麻麻的搜尋結果中，找出你感興趣的網站。反之，如果你想要讓別人找到你的網站，最簡單的方法就是在搜尋引擎登錄，讓你的網站可以出現在搜尋的結果表內。不過，如果查出的結果有100頁，而你的資料出現在第99頁，那大概很少會有人有興趣翻到那倒數第2頁的資料。

因此，電子商務經營者首先要做的就是讓自己的網站出現在搜尋結果的前幾頁。最簡單的方法是花錢要求搜尋引擎的廠商把你的網站往前移。目前計價的方式是以點選來計

費，如你要求搜尋引擎業者把你的網站排在搜尋結果的第1名，多數的廠商是不會單純的因為做一個排名前移的動作而收錢，但是當前移之後，每被點選一次卻要收一筆費用，以2005年的標準，一次大約是台幣3元左右。如果有兩家廠商都要求排第1名，那麼就用競價的方式，如甲廠商出價台幣3.5元，那麼他就可以變成第1名，而原來出價台幣3元的廠商則變成第2名。

以下是主要幾家搜尋引擎廠商，你可以註冊並登入他們的網站後，開始付費使用搜尋引擎優先排序的服務。

1 Overture 網路廣告

http://overture.yahoo.ecrm.com.tw/

Overture結合10大網站，包括台灣最大的入口網站—Yahoo!奇摩、MSN.com.tw、UDN聯合新聞網、Seednet數位聯合電信、Openfind網擎資訊、ChinaTimes中時電子報、So-net台灣索尼通訊網路、ETtoday東森新聞報、智邦生活館、Apple daily蘋果日報等，不過由於Overture使用人工審核關鍵字，如果你要刊登優先排序廣告，一般而言，大約需要3-7個工作天的時間，你的網路廣告才會正式上線。

2 Google 網路廣告 https://adwords.google.com/

　　Google 是一家國際排名前 3 大的的搜尋引擎業者，支援包括繁體中文、簡體中文等數 10 種語言的搜資料尋，相對於 Overture 使用人工審核關鍵字，Google 的優先排序廣告由於採用系統自動核准刊登的關鍵字，因此在你購買後，就可以即時開通你的網路廣告服務。

3 雅虎搜尋競價 http://p4p.cn.yahoo.com/

　　想要做中國大陸生意，自然不能忽略當地的搜尋引擎業者，而雅虎搜尋競價則是中國大陸市場主要的搜尋引擎業者之一。搜索競價是由雅虎提供的服務，可以讓產品和服務出現在搜索引擎中。讓正在互聯網上尋找產品和服務的潛在客戶主動找到廠商，向客戶免費展示產品和服務及網址，廠商是在客戶真正點擊後，再按實際客戶造訪網站的數量支付費用。

二、網路拍賣

　　到主要的拍賣網站刊登商品或服務，以增加曝光度。

1 台灣

奇摩拍賣 http://tw.bid.yahoo.com/

eBay 台灣 http://www.ebay.com.tw/

PCHome拍賣　http://bid.pchome.com.tw/

2 大陸

淘寶網　http://www.taobao.com/

eBay易趣　http://www.ebay.com.cn/

三、互換網站連結

建議多與流量大的網站做網站連結，一方面可由此導入更多網友，另一方面，通常流量大的網站，在搜尋引擎的評價較高，與其連結，可提升我們網站在搜尋引擎的排序評價，較容易排列在搜尋結果列的比較前面。

四、電子郵件廣告信

廣告信發送的開信率已經節節降低，根據目前發信廠商的內部評估，開信比率大都低於百分之一以下，單就宣傳效果來說，廣告信的確可提升部分的知名度與網站訪客數量，但是由於大多數網友非常不喜歡廣告信，因此發送廣告信所提升的知名度可能是負面的知名度，另外廣告信的發信廠商好壞不一，如果遇到不好的廠商，可能會用作弊的方式謊報開信量，讓使用者花錢又得不到該有的效果，所以筆者不建議採用進行大量的廣告信行銷。

五、完美的客服才是網路行銷的王道

實體商店或服務的經營需要靠口碑，在網路上，正因為客戶看不到我們，因此更是會注重客戶服務的口碑，完美的客戶服務包括：

1. 客戶來信快速回覆。
2. 提供線上即時客服，msn、yahoo即時通、QQ、skype等。
3. 貨品快速送達或服務快速即時啟用。
4. 不滿意、退貨退款的保證，而且不附帶任何條件，手續費用，不刁難客戶退款。
5. 客戶至上，不論客戶如何要求，我們所能盡力做到的，都要全力去完成。

[5-1] 網路論壇

拿破崙之所以偉大，不是僅只於他有優秀的指揮能力，會在戰場上指使來指使去；而是他有能力深入的規劃每一個有關軍事的細節執行工作。包括後勤的運作。

一個電子商務經營者必須像拿破崙，只是他是因為偉大而要深入細節，電子商務經營者則是因為多半是校長兼撞鐘而必須深入細節。於是電子商務經營者必須不斷的了解有關趨勢及技術的進步，才能累積每一個細節的優勢，而確立自己在電子商務世界的競爭優勢。

如何才能掌握經營知識及趨勢的發展脈動呢？網路世界也許能提供最簡易的答案，電子商務經營者可以在各類網路論壇與各方豪傑交換心得及意見，而許多利用網路發行的媒體則會提供與網路相關的資訊，掌握重要論壇及網路媒體，可以讓你事半功倍的了解電子商務發展的技術及商業趨勢。

你可以把網路論壇想像成意見交換的市集，你可以在各類的論壇中，與不同專長的人交換意見，因而得到你想要的資訊。

所謂網路閒人多，你要問的問題多半可以上網路找到有閒又熱心的人士，當你的免費顧問，因此找到適合你的論壇非常的重要。

論壇既然是意見交換的市集，因此最好有一定的規模，你才可以找到符合你需求的「閒人」，以下爲幾個著名的網路論壇，作爲你參加網路世界的一個好開始。

你可以由與網友的溝通中找到一些分眾但是可能更合於你需要的論壇。

1 綜合性論壇

- 數位男女　http://bbs.mychat.to/
- 私密論壇　http://www.sumi-rambo.net/

2 網路性論壇

- PCZONE　http://www.pczone.com.tw
- 台灣網名俱樂部　http://www.domain.club.tw/
- 台灣FTP聯盟　http://www.twftp.org/
- TWBB台灣論壇資源網　http://www.twbb.org/
- 站長俱樂部　http://www.webmaster.club.tw/

[5-2] 網路動態

電子商務經營者要了解網路世界最新的動態，各種利用網路發行的網路媒體是省錢又方便的途徑，網路媒體許多是傳統媒體所經營，但是由於網路媒體的進入門檻低，有許多小本經營的媒體也可以有管道發出自己的聲音。以下是具有代表性的網路媒體。

1 網路資訊媒體

- CNET台灣　http://taiwan.cnet.com/
- ZDNET中國大陸　http://www.zdnet.com.cn/
- 電子時報　http://www.digitimes.com.tw/
- 電子商務時報　http://www.ectimes.org.tw/
- ITHOME電腦報　http://www.ithome.com.tw/
- 中關村在線　http://www.zol.com.cn/
- PCPOP　http://www.pcpop.com/
- IT世界網　http://www.it.com.cn/
- 走近中關村　http://www.intozgc.com/
- PCHOME.NET　http://www.pchome.net/

2 資訊雜誌

- 數位時代　http://www.bnext.com.tw/
- e天下　http://www.techvantage.com.tw/
- 商業週刊　http://www.businessweekly.com.tw/

3 資深資訊人網站

- 數位之牆　http://www.digitalwall.com/

接下來我們要帶你觀摩網路創業成功的20個個案。

520 喜帖網

站長身分證

1	真實姓名	林宏明
2	網路暱稱	宏明
3	創業年齡	27歲開店，33歲成立網站。
4	電子信箱	Q1202@ms7.hinet.net
5	學　　歷	中山大學企管所
6	工作經歷	開設網站前經營傳統的廣告印刷業8年，現任高雄市商店經營發展協會理事、驚爆點網際行銷股份有限公司、企業指導員、宏星科技股份有限公司諮詢顧問
7	個人簡介	個人相信科技始終來自於人性，創意往往來自於交流。網路創業3要素：工具、行銷技巧、商品利潤；所以網際行銷更需要交流。在進入網路的世界時，因為接觸驚爆點網際行銷課程而豁然開朗，有許多的廠商、客戶、畫家、同業、朋友，因網路而結緣，也因為交流合作，在網海中得以共結一個圓。歡迎您來交流！

網站檔案

1	站　　名	520喜帖網
2	網　　址	www.520520520.com.tw
3	成立時間	2003年8月成立
4	會 員 數	沒有設會員
5	販售產品	喜帖及婚禮相關用品
6	競 爭 者	羅曼朵喜帖婚卡、非常婚禮
7	網站每日造訪人數	200~300人

創業資本

● 初期成本

1	設立公司	0，設立站前已先開設實體店面，因此一般辦公設備無須另購
2	商標申請	7000元（520喜帖網）
3	專利申請	未申請
4	網路主機	大約20萬元／年
5	網域名稱	2500元
6	程式設計	18萬元
7	網頁設計	5萬元
8	文案撰寫	3萬元

● 維護成本

1	電話秘書	2萬5千元／月

2	會計財務	2萬5千元／月
3	客戶服務	5萬元／月
4	網路主機	10萬元／年
5	網域名稱	800元／年
6	系統維護	2萬元／年
7	程式更新	1萬元起／次
8	網頁更新	1000元／次
9	行銷成本	3萬元起／次

商業模式

在經營520喜帖網前，站長林宏明已經營喜帖印刷的事業8年，在2003年8月，他成立網站，利用網站承接喜帖的印刷業務。他也以策略結盟的方式，擴展與喜帖相關的業務，如婚禮會場佈置、婚宴用品等。

創業緣起

網路的興起對傳統的印刷產業有重大的影響，以往為求經濟規模，無論是名片或是一般的印刷品，都必須有很大的印製量，才能分擔製版的成本。但是網路普及後，合版廠可以收集全台各地印刷需求，共用一塊版，以分擔製版的費用，降低消費的成本。因此合版廠在短時間內就增長至上千家之譜。

林宏明有鑑於此，決定架設網站，承接喜帖業務，以打破實體店面接案的距離限制。目前林宏明的營收有7成來自網站，而客戶則來自世界各地。

創業伙伴

520我愛你喜帖網目前有員工8人，負責兩家店面及網站的經營。不過為了開發喜帖的款式，林宏明與許多漫畫家及工藝家合作。讓網站產品線的深度和廣度都超過競爭對手。

創業資本

林宏明將網站主機架設在自己的店面內，包含軟體平台及硬體的費用約為20萬。

獲利情況

網站成立後，業績成長了4倍，而店面也擴展為兩家。

經營小撇步

林宏明由在開設實體店面的喜帖印刷廠起家，並跨足經營網路商店，他得到一個深刻的體認：「網路上有兩種人，一種人是你要他不打電話來詢問會要他命，另一種是你要他打電話會要他命。」而對一個企業的經營者而言兩種客戶都是需要照顧及爭取的，因此在網站的設計上，他面面俱到，

為對網路依賴程度不同的人提供服務的解決方案。

此外，林宏明表示，由於多數人對有實體店面的業者信賴感較佳，同時圖片比文字更能吸引消費者，為此520我愛妳喜帖網的首頁放置一張800×600的公司店面照片。

創業小心得

林宏明指出，電子商務要經營成功，要考慮以下3要素：工具、行銷技巧及產品豐富度。所謂工具是指用以擴展業務的媒介，包括架設網站、利用拍賣網站或是採用電子報等。

至於行銷技巧不良則通常是阻礙電子商務業績進一步成長的關鍵。林宏明指出，他架站初期公司營收確實有立即的成長，但是很快就遭遇瓶頸。於是他深入的研究搜尋引擎排序的技巧，甚至參加相關課程。他指出，每個月會在奇摩網上以喜帖為關鍵字進行搜尋的人數高達8000人，而搜尋結果則有十餘頁以上，「如果把每一頁視為一條喜帖的商店街，而黃金地段就在第一頁。」

林宏明用心的經營在搜尋引擎的排序，目前在各大搜尋引擎，你只要輸入喜帖或是婚紗等字眼，520我愛妳喜帖網都在第一頁中名列前矛。

雖然佔據搜尋引擎中的黃金地段，但是520我愛妳喜帖網仍有大量的客戶來自口耳介紹，為何能贏得顧客的口碑，產品的深度及廣度是重要的原因，目前喜帖網除了傳統的喜帖

外，有6種風味獨特的喜帖類型可供選擇，其中包括利用新郎、新娘公仔塑像拍照而成的公仔喜帖、由Q版漫畫家設計的Q版喜帖及仿造壹週刊版型的壹週刊喜帖等。

為了擴展產品的深度，每一類喜帖林宏明都提供不同的選擇，如與許多Q版漫畫家配合，發展許多不同型式的Q版喜帖，任客戶選擇。

除了提高網站的深度及廣度，喜帖網也提供客製化服務，依客戶的點子，發展出獨一無二的喜帖。

不但追求產品種類的數量，對價格帶的設定也力求寬廣，由讓重視價格及重視品質的客戶都能在網站上找到合適的產品。由於對產品規劃的用心，所以喜帖網有50%的客戶來自老客戶的介紹。

目前喜帖網除了銷售喜帖外，也銷售相關產品，如利用特別食材印上新人照片的喜糖或是以新人照片製做的桌曆等。並與婚紗業者合作提供客戶婚紗攝影的服務。

由於經營網站有成，林宏明經常輔導其它的網站經營者，這也使他有更多的機會發掘策略聯盟廠商同時學習成功的經營模式。

對於現在想要經營電子商的人，林宏明指出，對多數行業而言，「黃金地段」已被先進入的業者佔領，因此營運能否成功的重點在於產品是否具差異化，是否能以服務品質塑造口碑。

魔髮屋

站長身分證

1	真實姓名	呂芷嫻
2	網路暱稱	小嫻
3	創業年齡	21歲
4	電子信箱	tku.penny@msa.hinet.net
5	學　　歷	新埔工專工業管理科
6	工作經歷	魔髮屋韓國精品網站站長
7	個人簡介	小嫻21歲就和男友共同創辦電子商務網站，每天大部分的時間都全心投入在網站的經營上。

網站檔案

1	站　　名	魔髮屋韓國精品網站
2	網　　址	www.mofawo.idv.tw
3	成立時間	2002年
4	會 員 數	會員電子報約6000人
5	販售產品	髮飾、首飾、鏡子、包包及其它精品配件
6	競 爭 者	藍色拿鐵、e飾儷人
7	網站每日造訪人數	400~500人

創業資本

● 初期成本

1	設立公司	約1萬元
2	商標申請	0
3	專利申請	未申請
4	網路主機	約6萬9千9百元／年
5	網域名稱	新申請費用650元／年
6	程式設計	約為5萬元
7	網頁設計	約為2萬元
8	文案撰寫	約為1萬元

● 維護成本

1	電話秘書	由小嫻負責。大約1~2小時／日
2	會計財務	外聘會計師負責帳務，約3萬元／年
3	客戶服務	由小嫻負責。約15小時／日
4	網路主機	約1~2萬元／年
5	網域名稱	400元／年
6	系統維護	約1萬元／年
7	程式更新	約2萬元／年
8	網頁更新	約1萬元／年
9	行銷成本	開站以來大約50萬（關鍵字廣告、Banner、電子報）

商業模式

魔髮屋韓國精品網站利用網站銷售髮飾等女姓使用的配件。其產品來源是向工廠採購，並少量訂製專有的產品。

創業緣起

站長小嫻與男友在2002成立網站，主要的原因是男友已在電子商務公司擔任工程師3年，打算脫離賺死薪水的生活。於是決定經營電子商務的事業，恰巧當時流行韓國風，韓國髮夾在女性間廣為流傳，因此小嫻決定架設網站來銷售，從魔髮屋的名稱也可以看出當時他們是以髮飾類產品為主。

在網站成立之初，東區有家知名的韓國髮夾專賣店「花兒髮廊」，經常有媒體報導，因此站長與男友決定好好利用這波韓國熱。

創業伙伴

在2005年，包括站長及男友，網站還聘有專職員工3人，在出貨繁忙時也會機動性聘請部分工讀生進行協助。

創業資本

由於重要的合作伙伴具有網路工程的專業背景，因此若不計算機會成本，創業的資本不算太大。網站的主機則是架設在公司內。

獲利情況

在經營3年之後，每月的營收達到6位數，其毛利則在50%左右。

工作分工

主要的客服工作及商品採購由站長負責，而男友則負責解決工程及技術方面的問題。

經營小撇步

電子商務經營要克服的另一項問題是如何呈現產品品質，魔髮屋網站採用超大的照片圖檔來呈現產品，經常照片的圖比實體還大。

肯於花錢做宣傳是魔髮屋的另一個特色，開店的前兩年，她們花了大約50萬的經費在網路廣告及行銷上。包括搜尋引擎優化、電子報發放及其它的網路廣告行為，目前你在各搜尋引擎輸入韓國髮夾、髮飾、925純銀等關鍵字，魔髮屋都名列前矛。有關電子報的寄送則是委託專業廠商進行。

在2005年，魔髮屋每日的人潮量為400~500人，在亞馬遜的全球華文網站排名中，排名第12萬9千名。

為了吸引老顧客回籠，魔髮屋韓國精品網站設計了許多積點累進的折扣辦法，因為如此可以鼓勵買方為了享有折扣而多買。

在開站之初，網站只賣髮飾，但是由於客戶的要求而不斷的擴充產品線，目前幾乎所有的配件都有銷售。站長指出，許多電子商務網站都有相同的情況產生，在市場的壓力下，不斷的增加品項及數量。網站在開幕時就擁有一百項的產品，至2005年，擴展至500項。

為了有利於搜尋引擎的排名，魔髮屋以單純的HTML語言來建構網站，而不用炫麗的FLASH，雖然這樣不以外型取勝，可能不利於排名。但為了增加排名的另一項作為則是加強友站連結，整體而言，雖然無法吸引人潮量，但是可以提高搜尋引擎的排名。

網站的主力商品售價約在150元到300元上下，最貴的商品售價不到4000元。

創業小心得

在網站成立之初，經營確實面臨很大的問題，首先他們的進貨成本比一般的實體店面為高，因為兩個年輕人沒有財力大量進貨，也沒有辦法到韓國直接由最上游採購，因此無法以量制價，而進貨成本高，但是網站的經營又必須以低價來吸引買方，因此在電子商店的初期獲利能力比起經營成功的店面，有很大的差距。

Ecmap

1	真實姓名	陳建仁
2	網路暱稱	puppyChen
3	創業年齡	23歲。
4	電子信箱	tech@egoe.net
5	學　　歷	五專
6	工作經歷	網管暨程式設計師,硬體裝機、維修工程師。
7	個人簡介	由經營虛擬主機業務開始,逐漸將範圍擴展至網站架設的服務,未來將發展網站架設的套裝軟體。

創業資本

1	站　　名	Ecmap
2	網　　址	www.ecmap.net
3	成立時間	2002年
4	會 員 數	網站未設會員機制
5	販售產品	虛擬主機出租及網站架設服務
6	競 爭 者	雅虎奇摩、PCHOME等經營電子商店出租業務的入口網站及其它規模不等的虛擬主機、網路工程服務廠商。
7	網站每日造訪人數	Ecmap是針對客戶而設的網站,因此流量不大。

創業資本

● 初期成本

1	設立公司	請填寫申請公司登記的費用及期初投資的金額。
2	商標申請	未申請
3	專利申請	未申請
4	網路主機	30~40萬元／年
5	網域名稱	2000元／年
6	程式設計	約2萬元
7	網頁設計	約為2至3萬元
8	文案撰寫	約1至2萬元

● 維護成本

1	電話秘書	0，站長自行負責
2	會計財務	0，站長自行負責
3	客戶服務	每月約1至2萬元
4	網路主機	30~40萬元／年
5	網域名稱	0，站長自行負責
6	系統維護	0，由公司自行維護
7	程式更新	0，由公司自行更新
8	網頁更新	0，由公司自行設計
9	行銷成本	約1萬元／月

商業模式

Ecmap提供虛擬主機出租及網站架設服務。Ecmap之經營團隊共經營3個網站，除了Ecmap之設了目的是爲了招徠客戶並做爲客服之平台外，其餘兩個是做爲一般網友交流之社群網站。

創業緣起

Ecmap最初是以虛擬主機的出租爲營業項目，後來發現有許多公司及個人客戶，需要整套的架站服務，除了虛擬主機外，也需要網頁設計及程式設計等服務，因此逐漸的擴展業務範疇，提供一貫化的網站架設服務。

創業伙伴

Ecmap目前有專職人員2至3位，兼職人員4至5位。許多兼職的的人員是由陳建仁及夥伴在各專業的討論區所認識，並進行開始合作關係。

創業資本

除了人員薪資外，Ecmap向國外機房租借主機是公司主要的成本來源，每月爲此必須付出2至3萬的費用。

獲利情況

　　公司成立初期業務的承攬主要來自於陳建仁及創業夥伴的人脈，公司在營運一年之後，虛擬主機部分的業務，漸可打消其成本。在2004年以後，來自網站的營收漸成公司收入的主力。

經營小撇步

　　雖然目前公司的業務主要來源是網站，但是Ecmap在搜尋引擎的排名並不前面，客戶何從而得知公司的存在？陳建仁表示，在初期是靠他及合作夥伴到各相關的聊天室與人交換心得及意見，並順便告知其公司有經營相關的業務，特別的是，陳建仁對討論區的選擇偏向於有關行銷、廣告等相關問題的討論區，而非如程式設計等專業的討論區。陳建仁表示，如此才可以接觸到有架站需求但而專業能力又不足的客戶。平均而言，公司的核心幹部花工時的1/3在各討論區與人交換意見，由於他們都選擇自己感興趣的主題，因此在討論區留連，不但是擴展業務的手段，也是放鬆休閒的方法。

　　客戶得知Ecmap的另一個管道，是網站的連結。每當為一個客戶完成網站，Ecmap就會在客戶同意之下，將公司的資料及連結秀在該客戶網頁不顯眼的地方，藉以吸引許多屬性相近的客戶人士進站查詢。

創業小心得

　　Ecmap對網站的管理也有特別的見解，他們同時經營3個網站，而www.ecmap.net基本上是一個半封閉的網站，除了公司產品簡介外，有關討論區及技術資源等項目，只開放給客戶使用。至於對不特定大眾開放的討論區則設在不同的網址，陳建仁表示，如此可以讓客戶在不受干擾的情況下，利用網站與公司溝通。

未來發展計畫

　　由於架站的經驗豐富，因此許多程式都可套用舊有的模式，陳建仁計劃再進一步將之發展為套裝軟體，讓具有技術資源的客戶可以自行架站，而專業技能不夠的商廠，Ecmap則也可以協助其客製化的工作。

Gomap 美食網

站長身分證

1	真實姓名	周希祥
2	網路暱稱	alex
3	創業年齡	25歲
4	電子信箱	gomap.tw@msa.hinet.net
5	學　　歷	淡江大學公共行政系
6	工作經歷	華納威秀、久大資訊
7	個人簡介	學設計出身，對搜尋引擎的利用有獨到的研究。

網站檔案

1	站　　名	gomap美食網、新成屋預售屋情報Qhouse
2	網　　址	www.gomap.com.tw 、 www.Qhouse.com.tw
3	成立時間	gomap美食網，4年 新成屋預售屋情報Qhouse，1.5年
4	會 員 數	gomap約5萬人 Qhouse約2萬人
5	販售產品	餐廳資訊及房地產
6	競 爭 者	gomap 約10幾個 Qhouse 約20幾個
7	網站每日造訪人數	1萬到2萬人（部分為同IP重覆上網）

創業資本

● 初期成本

1	設立公司	2000元
2	商標申請	3800元
3	專利申請	未申請
4	網路主機	4000元／年
5	網域名稱	600元
6	程式設計	0，利用fusion自行建置
7	網頁設計	0，站長自己擔任
8	文案撰寫	0，站長自己擔任

● 維護成本

1	電話秘書	未雇人
2	會計財務	0，站長自己擔任
3	客戶服務	1萬元／月
4	網路主機	4000元／年
5	網域名稱	2000元／年
6	系統維護	1萬元／年
7	程式更新	5000元／月
8	網頁更新	5000元／月
9	行銷成本	2萬元／月

商業模式

蔻美資訊旗下的兩個網站，其性質都是提供商品資訊，並向刊登資訊的廠商收取刊登費用。其中gomap美食網彙集一百多家餐廳的相關資訊，餐廳業者每年需付8000元的費用。Qhouse則是提供預售屋及新成屋的資訊，並按月向代銷公司或是建設公司收取費用。

無論gomap美食網或是Qhouse，其營運模式都與經營印刷媒體的業者相似，吸引一群閱聽人，然後向想對這群閱聽人的傳播資訊的企業，出售其版面或是虛擬的網頁空間。

一般的媒體，尤其是傳統的報紙及雜誌，是以由記者選述的內容來吸引讀者，而gomap及Qhouse除了來自企業主的產品資訊外，主要的內容就是留言板，由視聽人之間相互交換有關消費的情報。

創業緣起

gomap及Qhouse的經營者周希祥曾服務於華納威秀及久大資訊等企業，皆從事業務方面的工作，他喜歡品嚐美食，因此經常上網收集資訊，他發現資料不多，而少數提供相關資訊的網站，選用的照片品質又相當的差，這讓學設計出身，又對攝影很有研究的周希祥，決定在2001年架設gomap網站，介紹個商圈的餐廳。

2003年，他又發現網路上可以找到不少中古屋的資料，

但是新成屋及預售屋的資料都很少，於是他決定成立Qhouse，方便購屋者找尋新成屋及預售屋。

創業資本

至2005年年初為止，經營兩個網站的蔻美資訊，包括周希祥公司員工共4人，其網站的架設採用免費的套裝軟體，網頁設計及維護由公司員工負責，網站架設於虛擬主機內，架站的成本含公司的員工不超過10萬元。

獲利情況

以4個人區區不到10萬元的經費成立的網站，能創造多少績效？目前gomap全年營收大約80萬，而受惠於房地產景氣復甦，剛成立的Qhouse則已招攬20多個新成屋或預售屋的建案廣告，每月也能帶進80萬左右的營收。

初期由於成本低，因此儘管餐飲業投資廣告的意願不強，gomap還是在創設不久就開始獲利，而由於房地產業每個建案皆投入大筆的廣告經費，而在市場上又沒有競爭者，因此Qhouse投資回收的速度更快。

經營小撇步

一般而言，網站要以廣告收入獲益，必須先創造網站的流量，因為廣告主不會把廣告做在沒有人看的地方，而為了

創造流量，想賺取廣告費的廠商，必須先投入廣告經費，否則全球有幾千萬個網站，消費者怎麼會找得到你！

周希祥則利用網路行銷技巧，使他的網站可以投入極少廣告經費的情況下，創造人潮流量。其中最重要的是登錄搜尋引擎的技巧。

許多業者在登搜尋引擎時，只登錄首頁，而周希祥進行登錄時，則把每一家餐廳都登錄在搜尋引擎內，這使得客戶被食客搜尋到的機會加大。如果一個人想在網上找義大利餐廳的資料，他輸入關鍵字，「義大利餐廳」，很明顯的GOMAP的首頁不會被列入搜尋的結果之中，但是由於周希祥將網站內頁逐一刊登在搜尋引擎內，因此 GOMAP內的義大利餐廳還是會列在搜尋的結果表內。

特別的登錄技巧使多食客雖然查到GOMAP站內餐廳的資料，但卻未必造訪過首頁。

周希祥善用搜尋引擎的技巧也可以由甫成立一年的Qhouse看出來，他以預售屋及成屋情報來登錄，所以如果你以預售屋或成屋等關鍵字在各大搜尋引擎搜尋，Qhouse被列名在第一位，僅次於付費的客戶之後。

周希祥為了驗證付費排序的效果，曾經付了3000元使其網站排列在所有非付費資料之前。他發現了一個奇怪的事實，他的網站原來就排在非付費資訊的第一筆，恰好在付費的部分則排在最後一筆，因此形成付費與非付費網站連結相

鄰的情形。值得玩味的是，多數人點選非付費的連結。對此，周希祥分析指出，一般人認為付費爭取排序是一種廣告行為，因此反而不會去點選。

善用技巧爭取搜索引擎的排名，固然可以增加網站的流量，但是要讓網友一再回籠瀏覽網站，就必須提供良好的內容。對蔻美資訊而言，網站的內容分為兩個部分，一個部份是商品資訊，另一個部分則是留言板；周希祥對廣告主的選擇定有一定的標準，使網友可以相信他的推介，以餐廳為例，他選擇裝潢有特色的餐廳，同時必須位於熱鬧商圈。

周希祥說，熱鬧商圈的消費客層以外來客為主，這些外來客比較會上網看看當地有那些好吃好玩的東西，因此在gomap刊登廣告，可以為餐廳帶來實益。

對於留言板的管理，他尊重網友發表意見的權利，有些網友會在Qhouse上刊登他以特定價格購買某預售屋的資訊，以致於引起該預售屋業者的反彈，並要求周希祥刪除該筆留言，但是他不為所動。因為如此才能使留言板產生資訊流通的作用。由於管理得當，Qhouse在成立一年多以來，已累積了4000多篇的留言。

創業小心得

周希祥認為網站有機會讓年輕人以小搏大，但是必須善用免費的行銷技巧，才不會空有理想而一事無成。

Memo 人事資源網

站長身分證

1	真實姓名	張碧林
2	網路暱稱	無
3	創業年齡	23歲
4	電子信箱	ceo@memo.com.tw
5	學　　歷	高中
6	工作經歷	電腦週邊用品店面經營
7	個人簡介	張碧林在退伍後，其間除一小段時間服務於某知名的資訊機構外，就開始創業當老闆。開過經銷電腦週邊產品的商店，在1996年之後就一頭栽入人事資料網站的經營，並經過8年的奮鬥，才開始收費。

網站檔案

1	站　　　名	memo人事資源網
2	網　　　址	www.memo.com.tw
3	成立時間	1996年
4	會 員 數	8萬人
5	販售產品	人事異動資料庫
6	競 爭 者	0
7	網站每日造訪人數	200~300人

創業資本

● 初期成本

1	設立公司	200萬
2	商標申請	3萬3千元（含註冊費）
3	專利申請	5萬元
4	網路主機	6萬元／年
5	網域名稱	註冊費450元／個＋管理費900元／年
6	程式設計	21萬元
7	網頁設計	7萬8千元
8	文案撰寫	7萬5千元

● 維護成本

1	電話秘書	2萬4千元／月
2	會計財務	4萬2千元／月
3	客戶服務	2萬7千元／月（含080費用）
4	網路主機	110萬元／年
5	網域名稱	900元／年
6	系統維護	3萬6千元／月（含線路費）
7	程式更新	6萬元／月
8	網頁更新	5000元／月
9	行銷成本	0

商業模式

　　Memo人事資源網可以視爲專業的人事資料搜尋引擎，假如你輸入一個人名，Memo會將他所從事過的工作列表。每10筆一頁，讀者要閱讀第11筆以後的資料就必須付費。每一頁收費5元。

創業緣起

　　張碧林在自行創業以前曾經從事一段時間的業務工作，因工作的需要經常上網搜尋客戶的資料，但是發現在一般的搜尋引擎找到的資料過於繁雜，要花大量的時間過濾，因此開始試圖建立人事異動資料庫，他由1995年開始建入第一筆資料，到2004年7月，資料量累積到達130萬筆後，才開始收取費用。

創業伙伴

　　爲了創立Memo人事資源網，張碧林成立亞育資訊，目前公司有員工8人。

創業資本

　　爲求主機的穩定性，從公司剛成立，張碧林就自行架設主機，並另外租用網路主機做爲備援之用。由於有大量的資料需要人工整理，因此員工的薪資，也加重公司的營運成本。

獲利情況

在2004年（第7年）網站收費以後，創造單月最高營業額80萬的紀錄，不過由於過去7年投資過鉅，公司要轉虧為盈，還要一段時間。

工作分工

開發資庫除了需要用大量的人力進行整理及校對外，也需要開發各種資料採礦的工具，以增加資料累積的效率。因此張碧林與數位內容中心及數位內容學院等政府支助的單位保持密切的連繫，以期望獲得最新最快的技術支援。

經營小撇步

由於人事資源網的概念可算是張碧林的創舉，因此在各大搜尋引擎輸入人事資源，memo都排在第一頁的第一列。雖然如果以人力資源來進行搜尋，排名較遜，但是無論如何，這使幾乎不花一塊錢在行銷上的memo，多年以來，維持每日百人以上的人潮流量。

在建站的前7年，雖然因為資料量不夠的因素，張碧林沒有對外收費，但是他仍設立免費的服務電話，以協助解決網友使用上的問題。

經營資料庫網站，首要的要求是資料的豐富度，但是以不讓使用者等待過久為限，memo曾經為了提供使用者最多的

資料，在查詢的結果表中設下許多超連結，例如：甲曾經服務於乙公司，他可以直接點選乙公司的超連結，查看曾經在乙公司任職的人員，而在新的結果表中又可以點選人名，查看他的履經歷。豐富的資料會使查詢的速度變慢，張碧林表示，只要等待時間超過30秒，網友就開始不耐煩，開始不斷的按重新整理，因此，他決定將第3層的超連結取消。

網站由1996年成立以來，幾乎很少改變版面的編排，原因是怕用戶不習慣。網站的使用者多半是業務或是學生，也有立法委員及證券分析師。會員利用memo搜尋資料，前10筆免費，11筆以後要扣點數，採用此種方式的原因是使用者在沒有看到查尋結果前往往不願付費，因此提供免費的第一頁（前10筆）資料，有讓客戶免費試用的作用。不過由於資料庫中有過半的資料只有一頁，因此形成許多「白看」的現象。

張碧林過去8年的經營重心是放在產品的開發而非行銷，未來一段相當長的時間也是如此，他不斷尋求主動搜尋網站資料及自動整理資料的技術。希望能大幅的擴展資料庫的內容，他認為有價值的人事異動資料庫，要能提供小到一個公司小採購的資料，才算完整。因為對一個業務而言，知道某一家中小企業採購人員的資料，有時比知道張忠謀的家世更重要。

創業小心得

　　張碧林指出網路固然使資料取得容易，但過量的資訊也使人們無所措手足，搜尋引擎的使用最足以表現此現象。他認為這樣的現實情況給了如memo人事資源網之類的專業資料庫一個成長的機會。

未來發展計畫

　　未來memo將發展資料庫加值的服務，提供統計功能，讓會員可以自行由資料庫中檢選所需的資料，等到這項技術發展成熟，一般的履經歷查詢可能就會免費提供社會大眾使用。

　　memo的價值經過數位內容中心的鑑價，估計為1500百萬元，進行鑑價讓企業未來公開募資更為容易。

888切貨網

1	真實姓名	鄭景文
2	網路暱稱	花蓮囝仔_阿文
3	創業年齡	27歲
4	電子信箱	mail@888cut.com
5	學　　歷	國立東華大學應數所（肄業）
6	工作經歷	曾服務於網路行銷公司任職網頁設計師、行政經理學會網頁設計
7	個人簡介	由於原本任職的公司因領導者經營不善而突然倒閉，對於一個剛出社會每天把精力都花在公司為公司賣命忠誠度極高的年輕人來說非常感慨，試想若往後的人生當中又有幾次年輕歲月禁得起如此的考驗，且不是人人都有機會到大公司，大公司也無法向你保證他永遠不會倒，只要你是員工你永遠不會知道公司何時要倒，為什麼要倒？此時腦裡突然喚起之前聽過一位講師的一句話：「人不趁年輕的時候嘗試，去接受失敗！難道要等老的時後嗎？那時你還有本錢嗎？」於是「不如自己開公司，就算失敗至少也知道原因。」這個簡單觀念油然而生，因而創設888切貨網。

網站檔案

1	站　　名	888切貨網
2	網　　址	www.888cut.com
3	成立時間	2003年11月
4	會 員 數	2000人（2005年3月止）
5	販售產品	國小、安親班、幼稚園等幼教機構文具、玩具小、獎勵品；工商業務禮贈品
6	競爭者	各地禮贈品的傳統實體通路商
7	網站每日造訪人數	100~200人

創業資本

● 初期成本

1	設立公司	3000元
2	商標申請	0
3	專利申請	未申請
4	網路主機	1200元／年
5	網域名稱	600元／年
6	程式設計	2萬元
7	網頁設計	0，由站長自行設計
8	文案撰寫	0，由站長自行撰寫
9	其它硬體	2萬元

● 維護成本	
1	電話秘書 0，由站長自行負責
2	會計財務 0，由站長自行負責
3	客戶服務 0，由站長自行負責
4	網路主機 1200元／年
5	網域名稱 600元／年
6	系統維護 0，由站長自行負責
7	程式更新 3000元／季
8	網頁更新 1萬元／年
9	行銷成本 1萬5千元／月

商業模式

888切貨網是銷售禮贈品的網路通路商，其產品的主要目標客群是小學以下的學生市場，包括幼稚園及安親班。買方多半是老師個人或是園方，其向888切貨網購買商品，做為學生獎品，或是舉辦活動時使用。商品的總類包括文具、玩具、舉辦活動用品等10個項目。

888切貨網是以買斷的方式向廠商進貨。站長鄭景文表示，只有採用買斷的方式才能提高毛利。

網站剛成立時，主要的貨源來自站長的姐夫，但是隨著營業額的擴大，尋找不同的供應商已經成為公司的重要工作之一。

創業伙伴

鄭景文原本服務於一家網路公司，在2003年11月結束營業，當時剛好弟弟在姐夫的禮物、贈品公司擔任業務，每天都要帶著大量的樣品到學校及公司行號推銷，因此他想到為何不利用網路來銷售禮物贈品。因此與弟弟合作，開始經營虛擬通路。

創業資本

888切貨網的網站架設是採用免費的套裝軟體OSC，並租用虛擬主機，主要的花費來自於對OSC功能的修正。就整個公司而言，最大的費用來自商品的採購。

因為公司所庫存的商品種類在200種以上，未來將擴大到350種，庫存造成的資金壓力可想而知。

獲利情況

鄭景文指出，以現金流量的觀念來看，公司並未獲利，因為賺得的資金，全數投入商品的購買，不過以損益表的觀念來看，網站開張不久就已開始獲利。

由於888切貨網是同業中第一個以網路行銷者，因此佔有一定的優勢，目前網站每月的行銷費用大約是5000元，主要花費在搜尋引擎排序及DM的印製方面。在網站流量方面，每天由不同IP上站的人數高達100~200人之間。

經營小撇步

由於採用買斷的方式經營，因此貨品的選擇功力對網站是否能經營成功，有相對的關係，鄭景文表示，選購商品的要訣在於價格越低越好、要有一定的體積，使贈品看起來有分量，同時要有新鮮感。

在網站的規劃方面，888切貨網更改了套裝軟體的購物車系統，使其購物動線更佳，買方不會在進入購物車系統後，迷途於網頁之中。

有關於商品的陳列方式，也進行改良，不但可以放更多更大的照片，而買方可以在照片的任一點上，以滑鼠將圖片關掉。增加使用者的便利性。

對留言板的管理，鄭景文更有獨到的見解，有時客戶會因為商品有瑕疵而在留言板上發表不利網站的言論，他的處理方法不是企圖掩飾，而是立刻在留言板上回覆處理的方法，許多網友反而留下良好的印象。

在金流的處理方面，由於線上刷卡要付3％的手續費及5％的營業稅，因此切貨網只提供貨到付款及ATM轉帳等兩種付款方式。其中後者對網站經營者而言，較為有利，因此凡是採用ATM轉帳的客戶，贈送價格40元的贈品，鄭景文說，目前貨到付款及ATM轉帳的比例為1：1，可以有效降低經營的風險。

有關於產品線的廣度，起初網站有1200百種商品，後來

縮減為200種，鄭景文認為維持350種，並不斷更替，是最合宜的產品線數量，因為太多的商品種類反而會讓買方不知從何選起。

888切貨網的站名代表最低的購買金額，也就是說在網站採購金額一定要超過888元，做此決定的原因在於出貨包裝需要人力，如果接受低金額的採購，全公司的人員可能要將全部的時間投注在包裝商品上。

創業小心得

目前切貨網的營業額多半來自較為偏遠的鄉下地區，因為各大都會地區都有不少禮贈品商，他們經營市場的時間久，不但掌握客戶，也可以低價取得商品，這些業者進入偏遠鄉鎮的意願低，因此給切貨網這樣的初生之犢發展的空間。鄭景文指出小本創業要掌握自己的立基點，不要好大喜功，才能夠持久經營。

在開發切貨網前，鄭景文曾試圖建置一個銷售原住民藝品的網站，曾與多家原住民工作坊合作，但是發展的並不成功，他歸納失敗的原因有以下3點：

1. 產品無法標準化，造成銷售上的困難：由於原住民的工藝品是以手工製造，因此每批貨品皆不相同，在銷售時容易引起糾紛。

2. 工作坊深入山區，路途遙遠，耗費太多時間精力。

3 難以與原住民建立互信基礎。

第一次的嘗試固然失敗，但是鄭景文說：「自己開公司，就算不成功，但至少也會了解原因。」他累積了一次失敗的經驗，並深刻反省，終於在888切貨網嘗到成功的果實。

945包子大王

1	真實姓名	高逸帆
2	網路暱稱	Evan
3	創業年齡	29歲
4	電子信箱	yifangau@yahoo.com.tw
5	學　　歷	國立中興大學土木研究所
6	工作經歷	榮重鋼構股份有限公司　工程師 高雄捷運股份有限公司　工程師
7	個人簡介	高逸帆具土木技師資格，白天上班，晚上則經營家中的網路事業。

網站檔案

1	站　　名	945包子大王
2	網　　址	www.945945.com.tw
3	成立時間	2005年1月15日
4	會 員 數	尚未採會員制
5	販售產品	上海傳統小吃（包子、水餃、餛飩、燒賣）
6	競 爭 者	東河包子、一畝園餃子達人
7	網站每日造訪人數	100~200人

創業資本

● 初期成本

1	設立公司	小吃餐館，有實體店面，領有免開統一發票資格
2	商標申請	7000元
3	專利申請	未申請
4	網路主機	3600元／年，租用國外虛擬主機
5	網域名稱	註冊費1500元＋年費1200元
6	程式設計	1000元
7	網頁設計	約2萬元
8	文案撰寫	0，站長負責撰寫

● 維護成本

1	電話秘書	0，由實體店面人員負責，不增加人力成本。
2	會計財務	0，站長負責
3	客戶服務	0，由站長自己負責
4	網路主機	3600元／年
5	網域名稱	1200元／年
6	系統維護	0，由站長負責
7	程式更新	0，由站長負責
8	網頁更新	0，由站長負責
9	行銷成本	開站前6個月使用overture，google優先排序，約2000元／月

商業模式

945包子大王是傳統食品生產商利用網站擴展商機的良好範例，站長高逸帆的父親經營一家以麵食為主的小店，架設網站並利用網站銷售家中生產的包子及水餃等產品，以低溫物流運送到全省各地，使服務的範圍不只侷限於店面附近。

創業伙伴

945包子大王是典型的家族企業，各式點心及麵食由父親掌廚，由弟弟負責網站的架設維護及客服，高逸帆則負責廣告及營運策略的擬定及執行。就網站經營的範疇，只聘有一位專職人員，就是站長親愛的弟弟，站長本人則是利用下班時間經營網站。

創業資本

網站創立的原因是為了規避更換店面所產生的資金壓力，因此必須以最節省的方式建置網站，創業的最大資本來自弟弟的人力成本，也可以說是弟弟放棄外出工作所產生的機會成本。

創業緣起

945包子大王網站是由祖傳3代的麵食小吃店延伸而來，65年次網站經營者高逸帆的祖父在嘉義市區開設一家販賣包

子、水餃等麵食的小吃店，店名取為就是我包子大王，在嘉義當地相當有名氣，父親則延承祖父的手藝，繼續經營。不過在幾年前將店面搬離市區，在市郊的小巷中開業。

具有土木技師資格的高逸帆，原本勸父親換一個地段較好的店面營業，但是父親擔心風險太大，剛好弟弟學過網頁設計，因此他想何不架設網站達成增加就是包子大王營業額的目的。

於是兄弟聯手，高帆在下班後負責網站經營的行政事宜，弟弟則負責網站設計及規劃的工作，在經過一個月的籌備後，945包子大王在2005年1月15日正式開始營業。

獲利情況

945包子大王網站租用國外的虛擬主機，半年的費用大約1800元，由於客戶在網路上訂購需要包裝，因此需要購買一些印有商標的貼紙及包裝材料，所有與網站相關的費用大約是3萬元，經營第一個月的營業額大約是3至4萬元，只比店面的營業額少2到3萬。物流費用是網站經營中最大的開支之一，945包子大王在客戶訂購超過1200元時，吸收運費，因此單是物流費用，就接近總成本20%的比重。

經營小撇步

高逸帆採用在搜尋引擎登錄的方式推廣網站的知名度，

他登錄了6家搜尋引擎，同時每月花費大約3000到4000元在網路廣告上，並採用點選才計費的方式。目前每天點閱率大約在100~200次之間，而下單購買的人數平均每天大約是3到4人。在其登錄的搜尋引擎中，以google的效果最差。訂單來自全省各地。未來也將以傳統的方式開發客戶，計劃中將以大公司及機關、學校的人員為主要的目標群，因為容易爭取團購的訂單。

在網頁設計方面，945將免付費電話陳列於顯眼的位置，並把消費者關心的項目以顯目的欄位標示，如低溫宅配、貨到付款、7日滿意保證、1200元免運費等客戶關心的問題做成欄目，客戶就算不點選，也一目了然知道網站交易的模式。

945包子大王對產品的包裝也非常考究，雖然為了成本問題，他們以一般的塑膠袋包裝，但是外貼印刷精美的商標貼紙，用來增加客戶印象裡的價值感。

未來發展計劃

目前945包子大王在網站銷售的商品有6項，945包子大王將逐步增加產品線的廣度，因為父親會做的麵食很多，但在實體店面由於陳列及現場烹煮的因素，只能提供5到6樣供客戶選擇，而網站則沒有此限制，所以未來商品項目可以繼續增加，發揮父親手藝，又不受限實體店面空間。

女青服飾工作室

1	真實姓名	王筠婷
2	網路暱稱	PKGIRL
3	創業年齡	19歲
4	電子信箱	play_kawaii@yahoo.com.tw
5	學　　歷	輔大織品行銷系肆業
6	工作經歷	雅虎奇摩購物二商品經理、女青服飾工作室負責人
7	個人簡介	王筠婷19歲就利用網路創業，目前公司員工已有10人，是利用網路賣服飾的資深元老之一。

網站檔案

1	站　　　名	PKGIRL
2	網　　　址	www.pkgirl.com
3	成立時間	2000年首創，2003年自有網站成立
4	會 員 數	3000人
5	販售產品	自創品牌經營、國內外少淑女服飾經銷、進口鞋類、配件經銷。
6	競爭者	近期：購物網站的其他業者，遠程：國內少淑女自有品牌。
7	網站每日造訪人數	廠商保留此數據。

創業資本

● 初期成本

1	設立公司	資本額25萬元，利用拍賣網站作業，因此公司的設立成本極低
2	商標申請	5000~8000元／年
3	專利申請	未申請
4	網路主機	約5萬元
5	網域名稱	約8000元
6	程式設計	0（運用拍賣網站，因此無程式設計成本）
7	網頁設計	2萬元
8	文案撰寫	0，每週10小時，站長自行撰寫。

● 維護成本

1	電話秘書	0，站長負責
2	會計財務	約5萬元／月
3	客戶服務	約5萬元／月
4	網路主機	5000~8000元／年
5	網域名稱	www.pkgirl.com
6	系統維護	0，利用拍賣網站作業，故無此費用。
7	程式更新	0，站長負責
8	網頁更新	約8000元／月
9	行銷成本	約3萬元／月

商業模式

由 2001 年 5 月開始，王筠婷就利用網路來銷售少淑女服飾，早期是利用 BBS 的銷售版，後來利用入口網站的購物區。起初銷售的商品來自五分埔，在 2003 年 7 月開始，公司自聘設計師，成立 PKgirl 品牌。

創業緣起

王筠婷的網路服飾事業是在課堂中，由幾個同學湊集了 1 萬 3 千元開始，最早的銷售通路是利用 BBS 的 for sale 版，後來利用拍賣王等網站的購物機制。

2007 年 7 月與百貨公司牛仔品牌 ReMarGo 結盟，台灣區第一個正式取得授權經銷之網站。

2001 年自有網站首度誕生、早期 logo 開始產生。不過自有網站使終只能維持形象塑造的功能，而未成爲實際的交易平台。

2002 年春，與實踐服設畢業之新興設計師 SM 結盟。

2001 年秋冬，初始網站改版，擴大海外服務，前進 yahoo 拍賣市場。

2003 年早春，首度與台灣某女鞋廠商合作生產獨家款式女鞋，打破網路銷售紀錄，蝶戀系列銷售破千雙。

2003 年春夏，擴大商品線，並與多家台灣自創品牌廠商合作銷售、設計。

2003年秋冬，首度推出整季全系列的 PKGIRL 品牌商品，跨界設計流行鞋款。

2004年春夏，自創品牌 PKGIRL 首度以主題設計系列方式推出新年度春夏新裝。

2001年5月與 yahoo 奇摩購物進行策略聯盟銷售，拓展實體通路，工作室轉型成專作流行創意商品設計及廣告公關行銷的形態。

創業伙伴

雖然公司是以王筠婷一人的名義登記，但實際上有幾個合作伙伴共同出資。目前公司全職人員有5人，其中包括專屬的設計師。另外有5名工讀生協助作業。

創業資本

女青服飾工作室並不自行架設電子商店，因此營運成本主要來自進貨、入口網站的費用及人事管銷。

獲利情況

由於投入的資本不高，因此經營半年就獲利，不過由於將賺得資金持續投入，以擴大營運的規模，因此以現金流量的角度，公司至今未產生大筆的現金盈餘。

經營小撇步

透過入口網站的購物區賣產品，必須由眾多的競爭脫穎而出，而除了選貨外，王筠婷是最早利用真人模特兒拍照，以促銷商品的賣家。她甚至建立了一隻網上的模特兒團隊。

此外她對產品的介紹非常的用心，摘錄文案如下：

「總是難以忘記那淺淺的溫柔的回眸一笑顎領綁帶露背的經典款式是PK詮釋這一季Royal Jr.小女孩式性感的代表。

彈性棉質襯衫接布的顎領領型讓人不用擔心夏天悶熱問題，領下開始的胸摺營造出UP UP的視覺效果。最美麗性感的削肩露背款式，讓小女人味的鎖骨、香肩、美背傳達出小女孩長大了的訊息，略微加寬的綁帶可以在背後打出美麗的蝴蝶結。」

王筠婷在文案中之所以特別能掌握少淑女的心態，重要的原因是以「我是誰」的觀點出發，因為她的年齡與客戶接近，使其可以貼近市場需求。

少淑女是一個矛盾的年齡，是由女孩發展為熟女性的年齡，因此少淑女裝必須掌握目標客群的此種心態。基於以上認知，王筠婷將矛盾的特色導入自有品牌的設計之中，設計風格結合女人、女孩，時尚、流行，可愛、性感等略有衝突的元素。

由於利用入口網站的購物區銷售商品，因此除了申請入口網站的費用外，女青服飾工作室花在行銷的費用非常的

低，他們利用入口網站免費提供的電子報功能與老客戶保持連繫。公司並印製一些自有品牌的型錄，但是只隨售出商品寄給已購客戶。王筠婷另外有成立家族社群，以強化客戶的向心力，他把客戶當成朋友來經營。

創業小心得

　　王筠婷表示爲何不利用自己的網站進行交易，原因在於她認爲自己架設交易平台，會產生許多維護上的花費，及耗用大量的時間，因此她網站只有形象塑造的功能。

小新的吉他館

1	真實姓名	曾惠新
2	網路暱稱	小新
3	創業年齡	20歲
4	電子信箱	guitar.msa@msa.hinet.net
5	學　　歷	稻江科技暨管理學院（資訊科技系二技畢）
6	工作經歷	稻江高職、萬能技術學院、稻江科技暨管理學院，吉他社社長，徐匯高中社團指導老師、嘉義大學社團指導老師網站經營者。
7	個人簡介	曾惠新因為對吉他的熱愛而經營社群網站，因而成創業。

網站檔案

1	站　　名	小新的吉他館
2	網　　址	http://www.gita.com.tw
3	成立時間	2000年7月14日
4	會　員　數	會員約1萬6千名
5	販售產品	吉他、書籍及配件
6	競　爭　者	許多學習以此模式經營的網站
7	網站每日造訪人數	3000人，累積約300萬瀏覽人數（截至2005.4.28）

創業資本

● 初期成本

1	設立公司	5萬
2	商標申請	8000元
3	專利申請	未申請
4	網路主機	38000元／年
5	網域名稱	註冊費400元＋年費800元
6	程式設計	0，從2000年開始學習，邊做邊修改。
7	網頁設計	0，從2000年開始學習，邊做邊修改。
8	文案撰寫	0，從2000年開始學習，邊做邊修改。

● 維護成本

1	電話秘書	5000元／月（包括0800免付費電話）
2	會計財務	0，站長自己負責每日約1個小時
3	客戶服務	0，每日下午1點至晚上6點半，由站長自己負責，接聽電話及回覆相關問題。
4	網路主機	38000元／年
5	網域名稱	800元／年
6	系統維護	0，站長不定時維護
7	程式更新	0，站長每日會修改部分程式，約1個小時
8	網頁更新	0，站長每日會新增相關資料及影片，約3個小時
9	行銷成本	1萬5千元／月（Google及Ovrture序曲）

商業模式

　　小新的吉他館是吉他教學的社群網站，並在無心插柳的情況下開始銷售吉他。而由於站長曾惠新對吉他的熱愛，吸引了大量的吉他同好上網學習討論，也帶動了吉他及相關產品的銷售。

　　目前由於銷售漸漸穩定，於是曾惠新進一步的自創品牌（comet），網站成為他銷售自有產品的通路。

創業伙伴

　　曾惠新從小就對吉他有濃厚興趣，並組織社團，他在2000年還在唸書時，就利用雅虎奇摩的網頁空間成立了小新的吉他館，做為線上教學及同好交流的園地。不過在上網人數累積到快20萬人時，奇摩的空間已經不敷使用了，他必需更換虛擬主機，不過每年因此要付出6000元的費用，還是學生身分的他必須設法籌措這筆費用。於是他直覺的想到在網站上賣吉他，這也是因為他之前在社團就有為同學辦過合購活動，知道吉他享有極高的毛利。不過他並不想賺那麼高的利潤，只要有足夠的錢來維持社群網站的經營。

創業資本

　　曾惠新自承對架站的技術並不內行，因此他的網站分為多個部分，吉他的交易資料放在奇摩購物網，網站和討論區

及論壇都在不同的網址。因此他在建購一個網站平台上花的成本並不很多，而真正讓他花掉大筆資金的是流量的費用，因為是吉他教學網站，有許多教學課程和音樂要下載，因此他的網站資料流量高達每月150G，這使他要向虛擬主機的廠商付出大筆的罰金。

此外在自創品牌後及推行保證48小時出貨的政策後，他必須有適度的庫存，這也造成本的增加。

獲利情況

在經營社群5年，並正式銷售吉他2年之後，目前曾惠新每月可以獲得400餘筆訂單，其中一半是吉他，另一半則是書籍及配件。不過曾惠新的志趣在經營吉他社群網站，商品價格賣的比一般樂器行低很多，因此毛利並不高。

工作分工

網站的經營全靠曾惠新和他的家人同心協力，由回答網友的提問到出貨，都是由曾惠新和家人一手包辦。

經營小撇步

小新的吉他館之所以能吸引人潮造不錯的銷售成績，是因為社群網站能吸引吉他的愛好者，曾惠新基於對吉他的熱愛，對社群的經營投入最大的心力，早期他幾乎每一封網友

的來信及留言板都回，當網友提到一些艱深的技術問題，他會花許多時間仔細作答，甚至替網友到處找尋答案。

　　網站最吸引人的部分是下載吉他譜，而只要有新歌發行，曾惠新一定在第一時間聽譜，將吉他譜公佈在網站上，讓同好下載。

　　他也收錄許多同好自彈自唱的音樂供人免費下載，不過這些下載的量太大，導至遭虛擬主機廠商的罰款，形成很重的成本負擔。

　　社群網站經營的成功，固然能導引進行電子商務的客源，但是造成小新的吉他館銷售佳績的原因有以下三點：

1　低價：採用低價策略固然降低毛利，但是卻讓口碑遠傳，客戶重覆購買的比例很高。

2　不滿意7天內退貨、終身免費換弦、48小時內交貨：以上3項策略使客戶認可網站的服務品質。

3　產品品質檢驗：所有在網站上賣出的吉他站長都親自試彈過，確保客戶買到的樂器而非玩具。

　　曾惠新在網站吉他賣的成功，不過卻遭到傳統通路商的抵制，因為其他通路商擔他的價格策略會搶走生意。因此在貨源的採集上遭到相當大的阻力，不過他總是和廠商說明，出版商並不限制亞馬遜以何種價格出售，因此他也應該保有訂價的自由。同時他的產品是以經濟能力不足的學生族群為主，有明顯的市場區隔。

曾惠新經營電子商務的手法不脫學生的清新氣息，因此他曾經允許買方不限次數的退換貨，且運費由他吸收，因此有部分買方只要顏色不喜歡就換貨，這對獲利微薄的他而言，產生極高的營運成本，因此他改為只對瑕疵品無限次數換貨的方式。

　　自有品牌的經營是小新的吉他館的重要轉變，他以自己的英文名字為品牌，並與工廠合作，生產自己品牌的吉他。由於現在吉他各部份組件的生產已經模組化，因此他可以組合不同的組件，生產出別無分號的樂器，不過無可避免的會增加資金的壓力，因為即然是訂做生產，供應商自然會要求一定的採購數量。

　　不過為了達到48小時出貨的目標，目前只要是刊登在購物網站的型號，都一定有庫存。而由於同時在網上銷售的商品多達上百個品項，因此資金壓力可想而知。

　　開站5年以來，已有300萬人次上過小新的吉他館。但由於競爭者日多，因此曾惠新也增加行銷費用，每個月大約花費1萬5千元在搜尋引擎的排序上。

創業小心得

　　投入電子商務多年，曾惠新曾面臨許多挑戰，他有一段時間每逢週日由學校返家，會看到一大堆的吉他被人退貨，堆在家門前的庭園中，其中許多未曾拆封。不過由於對吉他

的熱愛，使他不斷的想辦法克服。也由於對吉他的熱愛，使他可以整天坐在電腦前面回答同好的問題，這股熱忱凝聚了許多的死忠的網友，成爲他經營電子商務的基礎。

未來發展計畫

未來吉他館將開闢影音的吉他教學課程，錄製教學課程，供網友下載，和吉他的訂價策略一樣，也將以低廉的價格行銷此項產品，以求嘉惠更多想學吉他的群眾。

英語台灣資源網

1 **真實姓名** 張德仁

2 **網路暱稱** DTC

3 **創業年齡** 27歲

4 **電子信箱** David@English.com.tw

5 **學　　歷** 美國馬莉蘭州立大學

6 **工作經歷** 哈伯望遠鏡計畫實習工程師、美國航空暨太空總署C3空防系統軟體設計工程師、美國國防部創業夥伴、Nexus Communication, Inc.協同設計顧問、美商同步股份有限公司商業流程整合顧問。

7 **個人簡介** 站長目前29歲，於15歲時赴美讀書，大學時選讀電腦系並於就讀大學時期參於美國太空總署的哈伯望遠鏡計畫及美國國防部的C3空防系統專案。

首次創業於1998年底網路熱潮時期，主要負責公司IT部門的發展及規劃並參與公司的集資動作，網路泡沫化後加入美商同步在台灣的分公司工作於南港科學園區並參於宏基/偉創協同作業專案，M59專案。專案結束後於2001年底回到美國，目前為「商業流程整合」獨立顧問服務於位於巴爾地摩的一家能源交易公司Constellation Energy。站長個人網站: http://www.David.pro

網站檔案

1	站　　名	English.com.tw 英語台灣資源網
2	網　　址	http://www.English.com.tw
3	成立時間	網站架設始於2003年底，2005年1月15日開始改版，並積極的運作。
4	會 員 數	目前擁有2000多名註冊會員，會員數快速成長中，平均每日新增15名新會員。
5	販售產品	英語學習
6	競 爭 者	各大英語學習雜誌及其網站
7	網站每日造訪人數	450人

創業資本

● 初期成本

1	設立公司	English.com.tw 英語台灣資源網目前附屬於站長美國註冊的顧問公司下，因此並無設立公司的費用。
2	商標申請	未申請
3	專利申請	未申請
4	網路主機	4500元／年
5	網域名稱	申請費400元+年費800／年
6	程式設計	1萬＋每年1500美元。（主要由合作夥伴負責，預計於年底開放的具有語音影像聊天室軟體則向軟體公司購買，費用為1萬美元，另外每年要支付1500美元權利金。）

| 7 | 網頁設計 | 0，合作夥伴負責 |
| 8 | 文案撰寫 | 0，站長夫人負責 |

● **維護成本**

1	電話秘書	0，站長夫人負責
2	會計財務	0，站長夫人負責
3	客戶服務	0，合作夥伴負責
4	網路主機	4500元／年
5	網域名稱	8000元／年
6	系統維護	0，由合作伙伴共同負責，管理整個網站每週大約花費40小時／人的工時。
7	程式更新	0，由合作伙伴共同負責，管理整個網站每週大約花費40小時／人的工時。
8	網頁更新	0，由合作伙伴共同負責，管理整個網站每週大約花費40小時／人的工時。
9	行銷成本	0，朋友負責

商業模式

英語台灣資源網試圖結合在美國想要學習中文及在台灣想要學習英文的人士，形成一個跨太平洋岸的互助式英語學習網。站長張德仁計劃結合美國的社區大學及台灣英語補習班的資源，使www.english.com.tw成為跨國而價格低廉的英語學習平台。

在費用的收取方面，除了向學習者收取學費外，由於可望可以建立英語、中文學習人士的資庫，因此也可以成爲各英語學習機構刊登廣告的平台，預期將有廣告費的流入。

就長遠的規劃而這，張德仁希望利用經營網站所建立的客戶關係資料庫（CRM），開設實體的英語教學課程甚至從事英語教學書籍的出版。

創業緣由

在九〇年代，美國網路泡沫初起時，張德仁發現搶佔網域名稱是一個有利可圖的商機，於是登記了許多網域名稱，其中兩個是www.english.com及www.pro.com。事後也證明張德仁頗有生意眼光，因爲對上述兩個網域名稱，分別有人要出價10萬及2萬美元要求買進。不過一時的惜售，讓他至今仍心痛不已。

在2000年網路泡沫破滅之後，雖然網域名稱的交易再也乏人問津，但是有鑑於台灣對英語學習的風氣日盛，因此在2003年，張德仁利用www.english.com.tw成立了英語台灣資源網。不過由於他本身從事企業資源整合顧問的工作，賺取每小時450美元的時薪，因此心思並未放在網站經營上。網站以社群網站的方式存在，讓網友自由在討論區及特定主題的討論區（部落格）互相交流。

張德仁也發掘了4位熱心的網友，他們會在網站上幫忙解答英語問題甚至翻譯英文短文。

到了2004年底2005年初，張德仁重新檢視網站的運作情況，發現在無心插柳的情況下，每天已有450人上網，page view則高達3500頁。因此決定投入更多的心力在台灣英語台灣資源網，因此在2005.1.15日開始，不但增加了網路聊天室的功能，每天也至少投入4個小時在網站的相關事務上。

創業伙伴

　　目前英語台灣資源網共有員工4人，全為兼職的性質，分別為站長表弟及妻弟，由站長負責策略規劃，2位合作夥伴則負責程式及網頁設計。另外學會計的妻子則負責管理財務，包括工時的投入及機會成本的計算等。

創業資本

　　如果不算機會成本，英語台灣資源網的創業資本非常的低廉，主要的費用是虛擬主機的用費。不過在2005年第3季以後，由於要開闢一對一的英語學習課程，因此必須購買功能強大的語音聊天室程式，張德仁已完作採購作業，將花費1萬美元，以及每年15%的權利金。

經營小撇步

　　在台灣的英語學習網站不在少數，英語台灣資源網除了有一個好的網址外，站長住在美國馬里蘭州也是一大優勢。

如此他可以結合兩地想要學習語文的人士，達成相互學習的效果。而由於是採用相互學習的模式，因此雙方的學習成本將會降低。

不過為了維持語文學習的品質，張德仁計劃與美國的社區大學合作，讓教授把網站視為教學的工具，也就是美國學中文的學生，要將上網利用語音交談做為作業。同時他也希望與國內的美語補習班配合，希望授課老師利用課餘時間上網解答問題，而換取的是補習班的曝光機會。

在2005年第3季以前，網站的英語聊天室只能利用文字的方式交談，經過統計後發現，平日早上10點到下午2點，是使用率高的時段。而一週內上網人數最多的時段是週六晚上。

曾經有一位網友在留下一段話語後，就再也不見蹤影，因為他嫌網站的討論區及聊天室太「正經」沒有顏色。對此，張德仁表示網路上提供色情的管道不少，但是他希望能在英語網路資源網維持一個純粹的學習空間，因此對聊天室及討論區都有比較嚴格的管控。

創業小心得

由於張德仁大學學的是資訊科技，因此在學校畢業後，先在美國國防部工作一段時間，後來就擠身網路事業搶錢及燒錢的事業，他參與的黃頁網站555-need.com，曾經花費了4500萬美元，並建立了強大的資訊服務系統，如你要找人修

水管，但是你只願意花 200 美元，於是 555-need.com 會幫你找到你家附近，符合此條件的經銷商。但是這個網站當時每天的流量甚至不如英語台灣資源網。

　　相形之下，與 555-need.com 相似，但是功能較遜的黃頁網站目前在美國的經營情況都還不錯。這給張德仁一個深刻的教訓，事業的成功，不但需要時機的配合，也要有良好的財務規劃，以及節制的擴張腳步，才不會如 555-need.com 在臨上市前夕，因彈盡援絕而前功盡棄。

地科科技網

1	真實姓名	張本初
2	網路暱稱	tom
3	創業年齡	38歲
4	電子信箱	tom@wsitopwebresults.com
5	學　　歷	台大地理系博士
6	工作經歷	曾任行政院勞委會南區職訓中心教務科訓練講師；現職致遠管理學院觀光休閒學系助理教授兼進修推廣部組長、醒吾技術學院助理教授、中國文化大學地理學系兼任助理教授。
7	個人簡介	1995年畢業於台灣大學地理學博士班，現育有3子，生活小康。現任職台南縣致遠管理學院觀光系。

1	站　　名	地科科技顧問有限公司
2	網　　址	www.wsitopwebresults.com
3	成立時間	2004年2月
4	會 員 數	未設會員機制
5	販售產品	網站架設工程及諮詢服務
6	競 爭 者	網站諮詢業者
7	網站每日造訪人數	70~85人

創業資本

● 初期成本

1	設立公司	申請公司的費用8000元，初期的投資10萬元，購買代理權150萬元
2	商標申請	0
3	專利申請	未申請
4	網路主機	0，由加拿大WSI總公司提供
5	網域名稱	0，由加拿大WSI總公司提供
6	程式設計	0，由加拿大WSI總公司提供
7	網頁設計	0，由加拿大WSI總公司提供
8	文案撰寫	5萬元（中翻英）

● 維護成本

1	電話秘書	80元／人時
2	會計財務	2000元／月
3	客戶服務	80元／人時
4	網路主機	0，由加拿大WSI總公司提供
5	網域名稱	0，由加拿大WSI總公司提供
6	系統維護	0，由加拿大WSI總公司提供
7	程式更新	0，由加拿大WSI總公司提供
8	網頁更新	0，由加拿大WSI總公司提供
9	行銷成本	5000元／月（DM及網路行銷）

商業模式

　　地科科技是網站架設服務公司，提供網站架設前的策略規劃、IBA（網路商務分析）、網站設計及工程服務，公司網站的功能在用以說明公司的特色。公司並聘有4位專職的顧問人員，以執行業務的推廣及建架的專案管理工作。

創業緣起

　　自台灣大學地理所博士班畢業後，張本初本來希望從事有關地理資訊系統方面的業務，但是由於在此領域已有太多人投入，因此決定發展其它業務。他選擇加入加拿大WSI網站商務顧問，此組織在全世界各地有10個研發團隊，提供架站及網頁設計的服務，並在全球找1000個經銷商為其承攬業務，地科科技就是其中一個經銷商，目前也是全台灣唯一的經銷商。

　　張本初有感於台灣的中小企業應用網際網路的成效並不顯著，而創立地科科技顧問有限公司，主要目的乃協助企業網際網路電子化，同時輔導網站設計業者最新網站技術以及發展方向，進而提昇本國企業網站設計應用水準，兼顧研討、顧問、教育、管理等多方向的企業使命。

創業伙伴

地科科技目前有員工4人，全部擔任諮詢顧問的工作，有關於網站架設的技術工作則委由國外WSI的技術支援小組。

創業資本

公司的期初投資約為160萬左右，其中150萬是購買WSI的代理權費用。

獲利情況

由2004年2月開始，地科科技成功的完成了26個網站，平均每個月完成兩個網站。其建站的價格僅為一般網站的1/3，而由於其技術團隊支援全球的經銷商，建立了大量的模組，因此成本也較低。在成本低，銷售價格低而接案量大的情況下，公司有不錯的獲利。

工作分工

地科科技在台灣的員工負責接案，並為客戶提供網站需求分析，國外分佈在全球10個國家的技術小組，則進行實際的網路工程服務，每接到一個案子，國外的技術小組會指定一名專案人員與張本初連絡。

經營小撇步

地科科技的網站直接套用WSI的官方模式，單純做公司服務項目及特色的說明之用。公司的主要行銷方式是人員推銷，每月印製少量的DM，張本初指出他刻意將行銷費用控制在每日30元以內。

焦點經營是張本初經營地科科技的重要策略原則，他了解WSI的強項在於網站架設前的策略分析及程式設計的品質，因此他不接側重美術設計的網站。此外，他也特別著重在經營網路學習產業上。

焦點經營的成效，使得特定產業的客戶，能快速地架好自己的網站，並開始工作。

竹貓星球

1	真實姓名	許芳嘉
2	網路暱稱	小竹子
3	創業年齡	24歲
4	電子信箱	admin.phpbbtw@msa.hinet.net takeigi@yahoo.com.tw
5	學　　歷	國立台南高工建築科畢
6	工作經歷	竹貓星球數位股份有限公司產品經理
7	個人簡介	除了經營非營利的竹貓星球外，也參與竹貓星球數位股份有限公司的經營，後者是以虛擬主機的出租為主要業務。

1	站　　名	竹貓星球
2	網　　址	http://phpbb-tw.net/
3	成立時間	2001 年 10 月
4	會 員 數	33541 位註冊會員
5	販售產品	Phpbb 之社群網站
6	競 爭 者	0，Phpbb 在亞洲地區唯一經認可的社群網站。
7	網站每日 造訪人數	1 個月下載量約為20G

創業資本

● 初期成本

1	設立公司	0，公益網站，未成立公司
2	商標申請	未申請
3	專利申請	未申請
4	網路主機	0，共用站長公司之主機，市價約為4萬5千元
5	網域名稱	費用為2150元／年
6	程式設計	採用 Phpbb 設計，軟體免費，架設工時為5分鐘（委外之市場價格3萬）
7	網頁設計	0，採用預設格式
8	文案撰寫	市價約5萬元

● 維護成本

1	電話秘書	0，站長負責
2	會計財務	0，站長負責
3	客戶服務	0，站長負責
4	網路主機	150000元／年
5	網域名稱	站長申請，費用約為700元／年
6	系統維護	站長負責，市價約為3萬至5萬元／月
7	程式更新	站長負責，市價約為1萬2千至3萬元／次
8	網頁更新	站長負責，市價約為3萬元／次
9	行銷成本	0，口碑行銷

商業模式

　　竹貓星球是不收取任何費用的社群，以免費的架站軟體phpbb為討論主題，提供中文支援及文件翻譯。由於流量越來越大，網站支出的費用越來越高，為了解決根本的供應以及需求問題，故決定開設公司自行營運網路相關事業，在2004年8月15日「竹貓星球數位股份有限公司」正式掛牌運作。

創業緣起

　　許芳嘉偶然發現許多與資訊科技相關的文件都是由中國大陸的人士所整理，他心理相當的不服氣，而當時一種架站用的共享軟體phpbb正在發展萌芽階段，因此他決定成立一個教導人們利用phpbb架站的社群網站，而在多年辛苦的經營後，竹貓星球成為亞洲地區唯一由phpbb官方認可網站。吸引了全亞洲華人的觀摩。

創業伙伴

　　此網站由站長一人經營及管理。

創業資本

　　利用phpbb架設討論區，單以網站的架設而言，費用非常的低廉，如站長架設竹貓星球只花了5分鐘，但是如果網站經營成功，每個月大量的網站流量，會產生不小的經營成本。

獲利情況

此網站為純粹的社群網站，站長並不打算向使用網站的網友收費。不過網站可以連結至「竹貓星球數位股份有限公司」。

工作分工

全由站長一人打理。

經營小撇步

許芳嘉指出，經營社群網站，必須快速的回應網友提出的問題，而經營者也必須對主題有全面性的認識，如此就算不能立即回答問題，也才能快速的找出答案。

站長有熱忱，自然會在網路上口耳相傳。許嘉芳估計，對討論區形的網站而言，廣告行為所造成的宣傳效果不過是口耳相傳的10%~15%。

竹貓星球在剛架站時每天超過 2G的下載量，而到架站4年後，每用的下載量大約是20到30G，看似流量越來越少，但是其內容卻完全不同，剛成立時，許多人上網是為了下載約800K的主程式，而由於phpbb的普及率快速提昇，下載點增多，因此由竹貓下載的必要性就降低。

一個討論區網站之所以能在短期內有如此快速的發展，成為全世界1000千萬的網站中，點閱率排名前30萬的網站，

與phpbb的風行有很大的關聯度，在4年前用phpbb架設討論區的網站不多，目前卻有300萬個網站。

此外phpbb的性質也有助於網站的知名度擴展，它是一個架站軟體，所有上網站參加討論的人都是網站站長，而每一個網站的網右友群少則數10人，多則成千上萬，因此使討論區的知名度可以快速的擴散。

創業小心得

許芳嘉表示，設立任何類形的網站必須先想清楚其定位，否則成立的不過是眾多同質性網站中的一個，以竹貓星球爲例，設站之初就設定爲phpbb支援及中文化爲目的，他更進一步深化服務到伺服器的層面，無論採用何種作業系統，都可在網站尋求到協助。

許芳嘉經營網站及虛擬主機業務，都抱持著薄利多銷的經營哲學，先以低廉的價格來吸引潛在消費者，以求普及率的增加。在社群網站的經營方面他提供優質服務，甚至以另外成立公司的方式，來使社群網站的經營可以持續下去。而社群網站與主機空間出租業務之間，只以超連結做爲連結，許佳芳在網站經營4年後，仍努力維持社群網站公益不營利的色彩。

未來發展計劃

　　許佳芳未來計劃成立網路商城，他指出4年來每天辛苦工作16個小時，唯一賺到的是「信用」，也就是只要是他推薦的商品，網友原則上就會接受，他曾試過在網站接受網友訂購有網站標誌的T恤，在很短的時間內就累積了300個買家。因此許嘉芳計劃成立網路商城，並以自有品牌推出3C的產品。

李老師紫微斗數命理館

站長身分證

1	真實姓名	李泓
2	網路暱稱	李老師
3	創業年齡	42歲
4	電子信箱	tmjjooee8@yahoo.com.tw
5	學　　歷	大學哲學系畢業
6	工作經歷	當舖經營 紫微斗數命理推演
7	個人簡介	李老師自學校畢業後就從事當舖經營的工作，在2004年開始經營線上命理館。網站對李老師而言，只是一個宣傳工具，實際的命理推演是利用電話、網路電話，以及面訪等方式完成。

網站檔案

1	站　　名	李老師紫微斗數命理館
2	網　　址	http://www.benlife.com.tw
3	成立時間	2004年11月
4	會 員 數	未設會員機制
5	販售產品	紫微斗數命理推演
6	競 爭 者	各大入口網站之命理館
7	網站每日造訪人數	60~100人

創業資本

● 初期成本

1	設立公司	0
2	商標申請	0
3	專利申請	未申請
4	網路主機	利用朋友的主機營運，費用近乎於零
5	網域名稱	費用約為1800元／年
6	程式設計	費用約為6000元
7	網頁設計	費用約為2000元
8	文案撰寫	0，自行撰寫

● 維護成本

1	電話秘書	0，電話秘書+客戶服務人員，每年共10萬元。
2	會計財務	0，站長負責
3	客戶服務	0，客戶服務人員+電話秘書，每年共10萬元。
4	網路主機	利用朋友的主機營運，費用近乎於零。
5	網域名稱	1800元／年
6	系統維護	0，站長負責
7	程式更新	0，站長負責
8	網頁更新	0，站長負責
9	行銷成本	0，自己發送電子報

商業模式

李老師紫微斗數命理館主要業務是利用紫微斗數為人進行命理的推演，並進而指引迷津，解答困惑。他是用電話、網路電話及面談的方式執行業務，而網站則是招徠新客戶的唯一手段。

創業緣起

民國51年生的李老師在大學時學哲學，後來一直以經營當舖為業，他在閒暇時間喜歡研究紫微斗數，但是看到電視上的命理節目，經常不為尋求協助的人指點迷津，而是把問題丟還給對方。於是他興起開業為人解惑的念頭。

但是他認為用傳統方式開個店面，甚至在路邊擺攤的方法太俗氣，於是在2004年11月，架設網站，開始營業，不過初期生意並不理想，直到第2年的2月，網站改版後，生意才應接不暇。

創業伙伴

李老師最重要的創業夥伴為驚爆點網際行銷顧問公司，該公司為其提供網路行銷的建議，也協助其架設網站。而李老師紫微斗數命理館也向驚爆點租用虛擬主機的空間。

創業資本

由於網站的功能明確而簡單，而網站又架設在朋友的主機內，因此創業成本幾近於零。

獲利情況

由於每天上網的人數高達百人，其中相當多的比例會付費參加諮詢，而公司的維護成本又低，因此網站在開始營業後半年，就有不錯的經營績效。

工作分工

目前命理館包括李老師在內，只有兩位員工，李老師主要負責為客戶推演命理，解答困惑，而祕書則負責行政及網站的維護。

經營小撇步

李老師紫微斗數命理館並不利用程式為人算命，而是一定由李老師直接與客戶接觸，並提供解答，因為他認為雖然有人開發用電腦程式算命的功能，但是其準確性絕不如由命理師親自推演命盤。

李老師命理館之網站只具行銷功能，加上如前述之產品定位，使其網站設計的非常簡單而清楚。網友上網後，立刻知道可以利用網站來進行線上排約及網路諮詢的工作，而流

年、流月、業事、婚姻、財運的字眼，也讓人知道網站提供的服務。

訂價也是網站的競爭優勢之一，一般面對面的命理諮商，至少要2000餘元，而在網站架設之初，還曾推出600元的低價以利促銷。

在搜尋引擎的登錄方面，命相館表現的尤其有創意，除了以紫微斗數為關鍵字讓網友搜尋之外，輸入琉璃仙境及史萊姆的第一個家等年輕人趨之若鶩的網站名稱也可以查到網站的網址。李老師表示，會以上述關鍵字查詢的人大多是年輕族群，因此這個方法可以有效的接觸到對算命有興趣的年輕人。目前網站的客戶群以20到40歲的族群為主。

創業小心得

經營電子商務業務半年後，李泓發現是否運用正確的方法，對業績的好壞有重要的影響，除了利用搜尋引擎排序的被動方法外，在二月改版以後，4個月內也發了4到5波的電子報，這兩項改進使本來2個月內來人不到10人的網站，提昇到每年有60到100人。而實際付費參加諮詢的人數約為總來站人數的40%。

昨日小築

站長身分證

1	真實姓名	黃子豪
2	網路暱稱	昨日
3	創業年齡	20歲
4	電子信箱	yesterday@mail2000.com.tw
5	學　　歷	專科，會計系畢業
6	工作經歷	黃子豪曾任職於遠距教學方便的網站，未來計劃往線上遊戲產業歷練。
7	個人簡介	黃子豪最大的特色是以公益的心態經營網站，因此僅管昨日小築是國內代表性的檔案下載網站之一，但是他並不積極的開發網路廣告等業務。而是積極的提供位置顯著的版面給公益團體。

網站檔案

1	站　　名	昨日小築
2	網　　址	dler.org
3	成立時間	1997年
4	會 員 數	1萬5千人
5	販售產品	檔案下載
6	競 爭 者	Higame、軟體王、史萊姆的第一個家
7	網站每日造訪人數	10萬人

創業資本

● 初期成本

1	設立公司	0
2	商標申請	0
3	專利申請	未申請
4	網路主機	2萬元
5	網域名稱	3200元／年
6	程式設計	由友人協助修改原免費程式，其市場價格大約為1萬元
7	網頁設計	由站長負責，其市場價格大約為3000元
8	文案撰寫	由站長負責，其市場價格大約為3000元

● 維護成本

1	電話秘書	站長負責，以工時折算，費用為1000元／月
2	會計財務	0
3	客戶服務	站長負責，以工時折算，費用為3000元／月
4	網路主機	100萬／年（廠商贊助設立費用）
5	網域名稱	3200元／年
6	系統維護	1000元／月，站長負責。
7	程式更新	由友人協助設計（市場價格大約為5000元／月）
8	網頁更新	站長負責（市場價格大約為每月3000元／月）
9	行銷成本	0

商業模式

　　昨日小築是國內最具代表性的檔案下載網站之一，其提供最新的共享或試用軟體供網友免費下載。由於可以吸引大量的人潮，因此利用人潮創造商機，是下載網站獲得營收的重要方式。此外許多熱門的軟體在供人下載時，無法承擔排山倒海的流量需求，因此需要分散下載的點，下載網站因而對軟體開發公司產生效益。不過昨日小築目前仍堅持公益網站的本色，重要的廣告版面以提供公益團體運用為主。

創業緣起

　　學會計的黃子豪曾在一家e-earning的網路公司工作，學習了相當多的網路相關知識，在1997年，他發現許多人需要共享軟體，因此成立了昨日小築網站。在初架設網站時，軟體的更新相當依賴人力，當時忙碌主因也是因為黃子豪只要發現廠商有提供新版本的軟體，就算不睡也要把程式更新。

　　經營網站8年以後，軟體的來源已累積到2000個以上，因此黃子豪開始利用自動程式（C4YOU）來自動更新網站的內容。目前他每天花在網站維護管理的時間不過一小時。

創業伙伴

　　由於堅持以做公益的心態來經營，因此黃子豪以零成本的方式來成就自己的理想，整個網站只由他一人管理，整個

程式的開發則由一位朋友的友情相助。雖然許多廠商看上他的網站流量，而願意提供技術人員，但是為了維持公益及獨立性，黃子豪也都一概拒絕。不過，也因此，網站的資料庫一直到到2004年左右才建好。至於主機則是建置於贊助廠商的機房內，符合零成本的概念。

獲利情況

雖然網站的流量很大，但是由於站長並未積極擴展業務，因此營收並不多，不過由於若不計時間及機會成本，投入的成本並不高，在這種情況下，昨日小築可以算是達到損益兩平。

經營小撇步

昨日小築做的是「無本生意」，但他究竟是如何吸引人們上網呢？黃子豪指出，檔案下載網站的最重要的競爭因素是更新速度快、來源多，而且下載穩定。除了勤奮的找尋軟體的來源外，昨日小築的頻寬有限，並無法與有財團支持的網站來競爭。解決的方法是本身並不直接提供下載，而是利用程式將網友的下載需求轉往其它的下載點。由於中國大陸的網路建設快速，因此未來將增加與大陸下載點的配合。

網站在開站的第一年，人潮量大約是每天1000人，6年後累積為3000人。在這6年間，網站沒有採用任何的付費行銷活

動，唯一的採用方法是要求軟體廠商將昨日小築之名稱，明載在下載點的連結上。

創業小心得

2003年起，網站由於與遊戲產業配合，使得每天的人潮量增加至十萬人，黃子豪因此對遊戲產業產生好奇，並決定有機會的話，到遊戲產業歷練一番。

未來發展計劃

昨日小築成立8年以來幾乎沒有進行版面的改版，唯一的改版是配合資料庫的建立。不過未來打算增加社群相關的機制，黃子豪認為如此一定可以再提高人潮流量。

個性工坊

1	真實姓名	陳信嘉
2	網路暱稱	無
3	創業年齡	35年
4	電子信箱	mio-service@umail.hinet.net
5	學　　歷	博士
6	工作經歷	華允電訊 睿碼科技 開南管理學院
7	個人簡介	陳信嘉由於在學校開設多媒體及電子商務方面的課程，因此以經營實務的心態建立了mio個性工坊。目前網站除了有基本的獲利，更能讓站長於教學上，傳授予學生理論之外的電子商務觀念及技術。 mio個性工作坊現在雖然只是一個銷售4種商品的小網站，但卻運用了企業經營的觀念及方法在經營，包括中長期目標之規劃、遊戲式行銷、個性化行銷之理論實作、資訊管理系統、客戶關係管理、生產製造之流程。而站長研究的行銷推廣平台計畫，更以此網站進行實驗，取代傳統方式大量的行銷費用，達成在最短時間內建立廣大客戶資料的目的。

網站檔案

1	站　　名	mio個性工坊
2	網　　址	mio.welcome.idv.tw
3	成立時間	2004年7月
4	會 員 數	無會員制
5	販售產品	印有寶寶照片的杯杯及吸鐵
6	競 爭 者	無論在網路或是一般通路吸鐵皆無競爭者
7	網站每日造訪人數	300～450人

創業資本

● 初期成本

1	設立公司	1萬2千元
2	商標申請	9000元
3	專利申請	未申請
4	網路主機	約4萬元／年，在家中自架伺服器
5	網域名稱	800元／年
6	程式設計	0，自行設計（後端系統之市場行情價約30萬）。
7	網頁設計	0，自行設計（市場行情價約2萬）
8	文案撰寫	0，自行撰稿

● 維護成本

1	電話秘書	1萬元／月，由站長夫人兼任

2　會計財務　0，由站長夫人兼任（以工時估計約5000元／月）。

3　客戶服務　0，由站長夫人兼任（以工時估計約2萬元／月）

4　網路主機　0，站長負責（40000元／年）

5　網域名稱　400元／年

6　系統維護　0，站長負責（以工時估計約2萬元／年）

7　程式更新　0，站長負責（以工時估計約10萬元／年）

8　網頁更新　0，站長負責（以工時估計約5萬元／年）

9　行銷成本　0，不花錢達到行銷效果乃站長之學術研究主題。

商業模式

個性工坊銷售的商品很單純，只有4種，全是放上小孩片的用具，包括用於白板及辦公室隔板的磁鐵、杯子，以及鑰匙環。站長利用網站為銷售通路，爭取訂單，收集圖片檔案，並在家中購置機具，自行生產。

創業資本

由於陳信嘉是大學資訊及電子商務學系的助理教授，家中本來就使用高效能的電腦，因是他把家中CPU倍頻2G的電腦加上1G的DRAM，就改裝為伺服器。而架站所需的軟體及網頁設計，也由陳信嘉一手包辦。

他表示如果一個非本科系的創業者，要一次購足成立個

性工作坊所需的軟硬體設備，那麼在硬體部分大約需要4萬元，而軟體則需要大約40萬。

獲利情況

在開站的第一個月，個性工作坊曾創下10萬元營收的記錄，之後每個月穩定的維持2萬元的業績。如果不計算陳信嘉投入的機會成本，2萬元的營收足以產生盈餘。

工作分工

陳信嘉每天大約花費4小時的時間在網站的經營上，而妻子則協助其接聽電話及解答客戶的問題。

經營小撇步

陳信嘉刻意維持網站功能的單純化，他的網站沒有留言版，沒有購物車，也沒有加入會員的機制，客戶需要訂購商品，只要發電子郵件給他就可以。他自行開發的客戶管理系統會自動整理來信，使他清楚的知道客戶是否是第一次光臨，曾經買過什麼東西。

陳信嘉認為一個網站加了一堆購物車及會員加入機制，會對不十分熱衷網路的客戶產生反效果，而這群人才是消費群眾中的主力。

由於不打算投入大筆的資金促銷網站，因此陳信嘉發展

出有助於口碑流傳的機制，他提供免費的電子賀卡機制，讓客戶在上傳寶寶照片以製作個性化商品的同時，可以將照片做成電子賀卡，寄發給朋友。

很多父母樂意把自己寶貝的照片做成賀卡寄給別人，而接收者收到賀卡後，往往也會想為自己的子女照片製作成個性賀卡，因而到個性工坊參觀，客戶群就如滾雪球般的擴大。

2005年4月間，網站每天的上網人數為300~450人之間，累積的上網人數則有7000餘人（人次則為1萬5千人）。其中有2000人曾向個性工坊購買商品。對一個只用搜尋引擎排序技巧，以及前述免費電子賀卡為行銷工具的網站而言，這已是相當不錯的成績。

一般的電子商務廠商，為了順利在網上銷售商品，要刻意的降低商品售價，但是個性工坊卻可以享有相當高的毛利，原因在於市面上沒有其他類的商品；其中印有寶寶照片的磁鐵市面上完全找不到相同的產品，至於茶杯，雖有不少快速沖印店有銷售此種商品，但是陳信嘉利用程式設計的專才，為平凡的商品提供獨特性。他提供機制讓客戶可以三度空間的視角預覽個性化杯子製成後的模樣。

一般網站經營者會設法在網站提供一些內容，希望能吸引消費者，如親子網站可能會請兒童教育的專家提供育兒指南的知識，但是陳信嘉認為以一個流量不過300~400人的網站而言，其成本效益不佳。

創業小心得

　　陳信嘉在教書以前曾經服務於兩家網路公司，他深刻的體認到當時喜好「燒錢」的作風是造成2000年網路泡沫的主因。因此他試圖以階段式經營的方式，用花費最少的方法累積客戶。

　　陳信嘉成立個性工作坊的目的，是用可愛的寶寶個性化商品來吸引有小孩的人士，而等到客戶資料數累積到一定的數量，他會轉而經營親子的社群網站，他希望提供一個網路空間，讓父母親能用網站來記錄子女的成長歷程。

　　有人認為只有熟悉電腦操作的父母親會想嚐試用網空間做為紀錄女子成長過程的工具，但是陳信嘉在經營個性工坊時，就開始訓練電腦運用不熟悉的群眾，陳信嘉指出，在製作個性化磁鐵、賀卡的同時，使用者會開始了解原來在自行網站上製作一些個性商品並不難

未來發展計劃

　　這些個性商品的買家，雖然不是電腦迷，但經由陳信嘉教導，已開始被引導到網路的世界，未來當陳信嘉推出網路親子日記之類的產品，也會樂於使用。

摩麗農場

1	真實姓名	林慧雯
2	網路暱稱	摩麗小姐
3	創業年齡	28 歲
4	電子信箱	friendmaury@yahoo.com.tw
5	學　　歷	大專
6	工作經歷	空服員 五星級飯店公關
7	個人簡介	林慧雯是一個精油產品的熱愛者，經營精油網站，讓她可以每天把玩自已心愛的寶貝。

1	站　　名	摩麗農場
2	網　　址	www.mauryfarm.com
3	成立時間	2004 年 10 月
4	會 員 數	50 人
5	販售產品	精油、純露
6	競 爭 者	摩麗農場網站以客服及經銷商服務為主，市場上少有同類經營者。
7	網站每日 造訪人數	100 人左右

創業資本

● 初期成本

1	設立公司	2000元
2	商標申請	3800元
3	專利申請	未申請
4	網路主機	加入SOHO MALL網路商城。一次繳交10萬元，以後完全免費。
5	網域名稱	0，由網路商城提供
6	程式設計	0，利用網路商城提供的機制
7	網頁設計	0，利用網路商城提供的機制自行設定
8	文案撰寫	0，站長自行撰寫

● 維護成本

1	電話秘書	0，企業員工擔任
2	會計財務	0，3000元／月
3	客戶服務	0，企業員工擔任
4	網路主機	0，由網路商城業者提供，加入時繳費以後費用全免
5	網域名稱	0，由網路商城業者提供，加入時繳費以後費用全免
6	系統維護	0，由網路商城業者提供，加入時繳費以後費用全免
7	程式更新	由網路商城業者提供，加入時繳費以後費用全免
8	網頁更新	0，站長利用網路商城的機制修改網頁
9	行銷成本	0，商品採用寄賣的方式，以公關操作為主要的行銷手法

商業模式

摩麗農場網站由摩麗貿易股份有限公司設站，摩麗公司是代理及以摩麗農場品牌銷售精油相關產品的小型企業，摩麗農場網站除了做為銷售通路，更重要的功能是做為消費者教育及量產產品的訂購。

創業緣起

林慧雯在創業以前在航空公司擔任空服員，離職後曾在某五星級飯店擔任公關人員，後來由於參加芳香療法的課程而接觸到精油。起初他在台中設櫃代理國外品牌的精油，後來由於前往精油的產地，地中海沿岸遊歷，使他接觸到生產精油的小型農場，因此開始成立自有品牌，銷售直接由小農手中引進精油及農場的果醬等農產品。

創業伙伴

摩麗農場由站長林慧雯獨立創設，公司僅有兩位員工，不過她參加SOHO協會的活動，由SOHO協會的協助獲得許多公關上的協助。

創業資本

摩麗農場網站架設於用SOHO協會所成立的網路商城SOHO MALL，因此只要繳交10萬元左右的金額，就可以使用網路商城所提供的制式網電子商店功能。

獲利情況

　　摩麗公司的網站架設完成到2005年3月目前為止約半年，並非摩麗公司的獲利主要來源，因此單計網站部分，目前並未達成損益平衡的目標，不過林慧雯表示，只要是看過網站，然後來店面的客人，最後幾乎都一定會成交。

經營小撇步

　　精油是由天然植物提煉出來，對生長於地中海沿岸的居民而言，精油是具有療效的日常生活用品，但在台灣的法規是不允許廠商向消費者宣傳其療效。精油以兩種方式銷售，一種是以單一植物的賀爾蒙單獨銷售，這是台灣一般精油專賣店所常見的方式，面店陳列的各種不同植物的精油，包裝在獨立的容器內，第二種則是調和各種不同的精油，以產生複合的效果，並適應不同消費者的需求。在國外需具有調香師的執照才可以進行精油調製的工作。

　　由於精油具有相當的刺激性，使用上要有一定的專業知識，因此林慧雯在早期是以代理的方式，直接向地中海岸的小農進口精油，然後賣給國內專業的芳香療法業者，由於是採用企業對企業的經營模式，林慧雯只需要對少數的業者進行教育訓練，就可避免因客戶不當使用精油而產生的糾紛。

　　在決定以摩麗農場成立自有品牌，同時代理國外品牌後（如：德國的Quint），林慧雯的經營模式由企業對企業改為由

企業對消費者，客戶群擴大，她無法對所有客戶一一進行教育訓練訓，因此她採用兩個策略以解決以上問題。

首先，她由成立網站，客戶可以由網站得到完整的精油使用指導。摩麗企業所代理的精油產品並不透過傳統的精油門市銷售，而是與一些高級家具（一套沙發可能要百萬以上）精品店合作，摩麗免費提供商品供店家使用，店家則提供空間陳列精油產品。林慧雯採用寄賣的方式，如此合作廠商可以在完全沒有風險的情況下，增加營收。而林慧雯則因與高級商品的合作，而烘托了摩麗農場及所代理精油的品牌價值。但這些銷售管道的業務人員往往無法詳盡仔細的解說精油的功能及使用方法，而摩麗農場網站則以詳細的資料彌補其不足。

另一策略則在自有品牌的經營方面，林慧雯她避開高刺激性的精油，而只銷售純露。精油是以蒸餾法自植物萃取賀爾蒙，蒸餾水冷卻後，精油浮在溶液上方，下方則稱為純露，純露的刺激性低，可以不經稀釋直接使用。而以摩麗農場為品牌的精油類產品，皆為純露。

由於直接與地中海岸的小農接觸，而這些農場經常會生產一些手工限量的食品，如用玫瑰花瓣拌製的果醬，或是採自薰衣草花田的蜂密，林慧雯也會以摩麗農場的品牌銷售這些產品，而這些商品產量不固定，產品項目也不一，因此將採用預售的方法銷售，網站在此時就可以發揮功用。

只要地中海岸的小農有計畫生產一批產品，摩麗農場會在網站上公佈目相關訊息，網友可以透過網站預購。

創業小心得

　　摩麗農場及其所代理的精油產品在台灣都沒有很高的知名度，而林慧雯的財力有限，因此必須有計劃的建立品牌的資產及知名度，林慧雯目前正處於品牌創始的初期。不過對她而言，能夠全心投入自己所熱愛的產業就是最大的幸福，她不但每天薰香精油、用精油洗澡甚至吃精油，她說：「每天能浸淫在不同的香氣之中，好快樂、好幸福。」

　　憑著對精油的熱愛，她一路走來從沒有想要轉換行業的念頭，相較於不少網站經營者，不斷的更改營業方向，摩麗企業一路走來使終如一。林慧雯總結她創業的心得，「只要堅持就能成功。」

潔西卡部屋

站長身分證

1	真實姓名	唐乙仁
2	網路暱稱	Meow
3	創業年齡	年齡保密，約在22至28歲之間
4	電子信箱	meow@jessicahouse.com
5	學　　歷	崑山科技大學資訊管理系
6	工作經歷	金家資訊股份有限公司 大日建設股份有限公司資訊部 潔西卡國際資訊社負責人 暘月事業有限公司經理人
7	個人簡介	唐乙仁（女）利用網路銷售精油產品已有四年的經驗，在2001年4月以前，利用社群網站為通路；在之後，則成立潔西卡部屋，由於在社群網站打下深厚的根基，在開站第一天就創下30萬人瀏覽的紀錄。不過令人訝異的是，唐乙仁很少投注心力在網站的行銷上，她的全副心力都放在產品的研發及客服。

網站檔案

1	站　　　名	潔西卡部屋
2	網　　　址	www.jessicahouse.com
3	成立時間	2001年4月
4	會 員 數	6萬人
5	販售產品	自創品牌，研發天然保養用品，以純露、精油為銷售主軸。為丸竹官方網站
6	競 爭 者	綠草如茵芳香療法精油購物館、香草魔法學苑
7	網站每日造訪人數	每月增加200~300個會員

創業資本

●	初期成本	
1	設立公司	5萬元
2	商標申請	6000元／年
3	專利申請	6000元／年
4	網路主機	5000元／年
5	網域名稱	1250元／年
6	程式設計	0，站長設計，約花費30個工作天
7	網頁設計	0，站長設計，約花費30個工作天
8	文案撰寫	0，站長設計，約花費10個工作天

●	維護成本	
1	電話秘書	1萬6千5百元／月
2	會計財務	1萬6千5百元／月
3	客戶服務	1萬6千5百元／月
4	網路主機	5000元／年
5	網域名稱	1250元／年
6	系統維護	5000元／月
7	程式更新	5000元／月
8	網頁更新	6000元／月
9	行銷成本	0

商業模式

　　潔西卡部屋是女性色彩濃厚的網站，在創站初期甚至還拒絕男姓會員的加入。其銷售的商品為保養用品，而其中多數為精油相關產品，唐乙仁除了直接向歐、澳等國的工廠進口精口油，也自行研發配方，推出自有品牌的產品。

創業緣起

　　唐乙仁由於皮膚敏感，無法使用一般的保養品，因此激起她對精油的興趣，這種提鍊自天然植物賀爾蒙的物質，可以取代一般的保養品，只是少有人了解。由於工作上的需

要，唐乙仁接觸了許多社群網站，她利用社群網站向網友介紹她研究精油的心得，並銷售相關產品。

到2001年，她在知名的女姓話題社群網站「104 beauty」，發表小說「暗戀」，裏面記述一個暗戀保養品研發的人員的女性，爲了接近心儀的對像，她不斷的向他詢問有關保養的知識，此小說得到網友的廣大迴響，唐乙仁也充分利用網路雙向互動的功能，讓讀者提供點子，參與創作。

2001年4月，學資訊管理的唐乙仁，決定試試看自己的能耐，於是著手架設自己的網站，所有的程式及網頁設計都一手包辦，潔西卡部屋於是成立。

創業資本

由於架站所需的網頁設計及後端程式皆由唐乙仁獨立完成，此因初期創業只花了5萬元。

獲利情況

雖然網站是在2001年4月成立，但是由於之前利用BBS社群累積了不少客戶及知名度，因此在開站當天就創下流量超過30萬的紀錄。而網站開張第一個月就回本。

目前每月的營收在30萬到50萬元之間。不過其毛利遠低於在店面銷售的精油品牌。

工作分工

　　公司目前含唐乙仁有3個員工，其餘兩人是時薪80元起跳的工讀生。行銷企劃由他的姐姐兼職協助。由於自行研發配方，產製自有品牌的商品，因此需要生產方面的顧問服務，此方面則聘有專業的研發團隊。

經營小撇步

　　在網站成立後，為了提昇網站的知名度及信賴感，唐乙仁取得保養品牌丸竹的正式代表權，它雖然沒有在店面銷售，但卻在網路流傳已久。取得丸竹的代表權後，由於其並非精油類產品，因此唐乙仁又陸續開了精油及花水兩個館，分別銷售精油及其延伸品。

　　對一個沒沒無名的網站而言，要和擁有實體店面的代理商競爭，取得價格優勢是必要的，以丸竹的產品為例，幾乎是按成本轉售，而精油類的產品，最貴的產品單價不過650元，和一般店面動輒上千元的價格，有相當的差距。

　　雖然價格賣的低，但是品質卻不能打折，唐乙仁表示，潔,西卡部屋的精油產品直接向歐美知名品牌的上游工廠採購，因此其品質並不輸品牌商品。

　　網站經營兩年後，唐乙仁做了一個最重要的決策，成立糖果櫃專區，以銷售自有品牌的精油保養品。她表示，自有

品牌商品配方都是由其獨立開發，對其上游的生產者而言，要投入較多的心力，而且成品只能賣給潔西卡部屋。因此會要求唐乙仁採購較大的量，支付較高的費用。

不過，產品研發的念頭多半是起因於要為自己或是客戶解決問題，如有些客戶會向她反應有某些皮膚上的問題，而市面上的保養品無法解決，於是她就會查遍資料，研發新的配方，希望找到最好的良方妙藥。對她而言，經營的天平總是倒向享受研究發展的成就感那端，而非傾向賺取經營盈餘的一側。

以潔西卡部屋經營4年，能累積6萬個會員，並且以每月增加100~200的數量成長，但難免使人認為經營者一定在行銷方面下了大功夫，而令人驚訝的是潔西卡部屋重要的行銷工具卻是客服。潔西卡部屋的客服人員會盡心的為客戶解答問題，而擔負主要客戶工作的唐乙仁為此每天要在電腦前面坐上15到16個小時。這股熱忱也感動了網友，使口碑遠傳。

口碑是潔西卡部屋最重的行銷工具，在開站當天之所以有30萬人上網捧場，最主要的原因也是在前4年，唐乙仁在BBS社群網站培養了大量的死忠網友，這些網友會主動的到各BBS張貼開站訊息。

創業小心得

小公司的經營利基何在呢？既不是成本因素，也無法在

研發上取得相對的優勢！那小公司憑什麼在競爭中取得生機，唐乙仁認爲人性化的經營是小公司的優勢，如他們對購買頻率特別高的會員會隨意的在其購物車內塞入1或2項贈品，讓收到禮物的會員驚喜。一個向大公司購買商品的人，決對不會感受到來自經營者的關心和情意。

在連鎖便利店興起的時代，還是有不少傳統的獨立雜貨店存在，他們憑什麼生存，憑的就是經營者和鄰居數10年來的老交情。潔西卡部屋除了對精油產品有一份熱愛，她們也用心經營和「鄰居」的情感。

KOLAkola 親子網

站長身分證

1	真實姓名	王睦涵
2	網路暱稱	candy
3	創業年齡	29歲
4	電子信箱	candy＠kolakola.com.tw
5	學　　歷	大專
6	工作經歷	建設公司售屋小姐、家庭主婦、網路社群經營者
7	個人簡介	王睦涵由於自己是以母乳哺育幼兒，於是自己設立了一個社群，為哺育母乳的婦女提供服務。後來另行成立電子商務網站，並以自有品牌銷售嬰兒背巾等商品。

網站檔案

1	站　　名	KOLAkola 親子網
2	網　　址	www.kolakola.com.tw
3	成立時間	2001年11月1日
4	會 員 數	3000位左右
5	販售產品	以嬰兒背巾為主，尚包括哺育幼兒相關產品，共600種
6	競 爭 者	媽媽餵育兒背巾，璐璐寶貝哺乳背巾
7	網站每日造訪人數	沒有確實統計數字，一個月流量約10GB

創業資本

● 初期成本

1	設立公司	1萬5元
2	商標申請	約1萬元
3	專利申請	約2萬元
4	網路主機	1萬5千元／年
5	網域名稱	註冊費400元＋年費800元
6	程式設計	約15萬元
7	網頁設計	他人設計，5000元
8	文案撰寫	0，自行撰寫。

● 維護成本

1	電話秘書	0，自行負責
2	會計財務	1500元／月
3	客戶服務	400元／天，自行負責
4	網路主機	1萬5千元／年，代管
5	網域名稱	800元／年
6	系統維護	0，主機代管，包含在網路主機費用內
7	程式更新	0，主機代管，包含在網路主機費用內
8	網頁更新	自行負責，400元／天
9	行銷成本	0

獲利模式

KOLAkola親子網以銷售母乳哺育相關產品為主。站長也建立了哺乳資料庫，讓網友有與母乳哺育的問題可以尋求解答，如果網友無法在資料庫內尋得解答，站長也會積極為其答詢相關疑問。

KOLAkola親子網同時也以親密為品牌，自行研製及銷售便於女性哺育母奶的背巾。

網站站長王睦涵並不限經營網路事業，由於銷售量大，同時代理國內外品牌，而其自有品牌的商品也與總經銷配合，利用實體通路銷售。

創業緣起

學土木的王睦涵學校畢業後在建設公司擔任行政及業務的工作，在生第一個小孩後，成為家庭主婦，她哺育母乳，因此經常上網搜尋相關知識，結果發現網路上相關的資訊相當的少，於是她決定利用PCHOME及雅虎奇摩等免費的網路空間成立討論區。

在經營討論區一段時間後，王睦涵結識一位上網來討論的中華大學的朱副教授。這位副教授在校教授電子商務的課程，她自掏腰包自國外購買商品，讓學生在超網路科技hinet178的電子商務平台建立網站銷售。而學生們畢業後，網站的經營就由王睦涵接手。因此王睦涵同時經營社群及電子商務網站。

合作伙伴

開創電子商務事業初期，中華大學的朱副教授除了提供技術支援外，也負責由國外帶貨，而國內的貨源則由王睦涵開發，其中許多是由社群網站的網友們提供訊息。

在網站成立1年之後，朱副教授退出網站的經營，由王睦涵及其先生負責整個網站的經營。由產品設計到包裝出貨全都一手包辦。

獲利情況

2005年親子網每月的營業額大約在15萬至25萬之間，其中背巾佔了50%。背巾的價格帶約在1200元至850元之間。買滿5000元，則免運費，未滿則付100元運費。

經營獲利最大的因素為同業的價格競爭，由於其他自有品牌商品採用高品牌低價格的策略，以與進口自美國及新加坡的產品競爭，因此獲利空間被壓縮。加以網路同業及網拍業也開始以低價搶市場，對公司的獲利能力產生極大的影響。

經營小撇步

由於在經營電子商務前，成立社群網站已有一段時間，因此社群網站的網友可以順利轉移至電子商務平台。在社群設立之初已有不少親子社群存在，但專門討論母乳哺育的社群只有一個，因此很快聚集了人潮。

王睦涵每天至少坐在電腦前 2 到 3 小時，並到各社群及聊天室發佈有關新社群成立的訊息。她很嚴謹的控制討論的方向，明白的告訴網友不得討論配方奶的問題，使她在無競爭的區隔中，建立一定的名聲。

　　社群的流量每月大約有 15G。由於上網的人數漸多，許多網友的問題不須由站長自行回答，熱心的網友可以分憂解勞，不過當答覆不夠完整時，她還是不厭其煩的提供正確的資訊。

　　在成立電子商務網站之後，王睦涵仍使用免費的行銷手法。她到免費的電子報平台發送電子報。也利用在網站內設連結的方式，提高網站在搜尋引擎內的排名。目前網站的流量大約為每月 10G 左右。

創業小心得

　　關於產品線方面，起初是以代理產品為主，剛開站時產品約有數 10 種。經過 5 年，擴展為 300 種以上。

　　王睦涵之所以決定跨入自創品牌之路，主因是由於其代理的新加坡品牌揹巾廠商之供貨不正常。她起初是希望對方授權製造，但是遭到拒絕。於是她便決定自行設計並委由越南及國內的廠商生產。以「親密」為品牌的背巾都經過嚴格的品質管制，如其必須能懸掛 80 公斤的沙袋長達 24 小時。

　　她以與國外品牌相同的品質，但是較低的價格；同時以

比國內網路業者相比，價格較高但是品質較好的方式，創造
獨有的利基。

同時在2005年11月，王睦涵取得國內代工廠的總代理
權，如此則進一步的封鎖了競爭對手取得貨源的管道，使競
爭者必須向公司拿貨。如此解決了長期以來價格競爭所帶來
的困擾。

未來發展計畫

未來，親子網每年將推出至少一樣自有品牌的商品。同
時也將擴展代工的業務，也就是為其它有意成立自有品牌的
業者設計生產背巾及相關產品。

驚爆點網際行銷

站長身分證

1	真實姓名	范崇蔚
2	網路暱稱	范崇蔚
3	創業年齡	35年
4	電子信箱	view@pie.com.tw
5	學　　歷	虎尾農工獸醫科
6	工作經歷	保養品業務員 電子商務經營者 宏星科技總經理 驚爆點網際行銷執行長 臺中市電子商務協會顧問 北市電子商務協會顧問 高雄市電子商務協會　主委 台灣省廚具公會　顧問
7	個人簡介	范崇蔚為了解網路的相關技術，曾經閉關3年。他研習的重點在於如何使網站與商務結合，打破電子商務無法賺到錢的迷思。並且在3年內使公司由1人公司擴展為50人的電子商務公司。

網站檔案

1	站　　名	驚爆點網際行銷
2	網　　址	www.goodcity.com.tw
3	成立時間	2002年
4	會 員 數	未計算
5	販售產品	網路行銷課程、企業代訓、網路行銷顧問、架站平台研發
6	競爭者	
7	網站每日造訪人數	5萬人以上

創業資本

● 初期成本

1	設立公司	1~2萬
2	商標申請	無
3	專利申請	無
4	網路主機	0，代管無費用（資源交換）。
5	網域名稱	註冊費400元+年費800元
6	程式設計	0，自己設計，每天執行（如以工時計算約3萬5千／月）
7	網頁設計	0，自己設計（如以工時計算約3萬5千／月）
8	文案撰寫	0，自己設計（如以工時計算約3萬5千／月）

●	目前維護成本	
1	電話秘書	7萬5千元（北、中、南3名，各2萬5千元）／月
2	會計財務	3萬元／月
3	客戶服務	50名以上，業務獎金制度計算
4	網路主機	0，代管（資源交換）
5	網域名稱	800元／年
6	系統維護	0，代管（資源交換）
7	程式更新	設計師10名，2萬5千到3萬5千元／月
8	網頁更新	同上人員
9	行銷成本	同上人員

創業資本

范崇蔚在3年閉關期間就累積了足夠的資金及經驗，因此創業的資本全從網路而來。

獲利情況

在開設驚爆點行銷之前，范崇蔚在網路上每個月可以賺取6位數的金額，因此他認為這個課程，4天收費2萬8千元是合理的，就連試聽的課程也要收取300元的費用。因此公司成立後，很快就達到損益平衡。

工作分工

范崇蔚旗下公司的業務包括網路行銷課程、電子商務網站平台開兩部分，其中網路行銷之業務，由公司聘用的講師負責，而有關電子商務網站平台開發之事務，則採取與上課的學員合作的方式。

經營小撇步

驚爆點行銷宣傳公司及商品的方法主要是利用搜尋引擎排序及電子報的發送。在搜尋引擎的排序方面，特別重視關鍵字的設定，范崇蔚表示，以保養品類的產品為例，如果網友以保養品為關鍵字來搜尋，其目的多半在於找資料，是屬於逛街型的客戶，而如果輸入膠原蛋白之類明確的字眼，則是真正有購買意願的客戶。因此網站經營者在設定關鍵字供人檢索時，格外要慎選合宜的字眼。

范崇蔚也為發展出一些策略性的關鍵字設定法，如果一個賣手機的網站想吸引年輕族群，可以把搜尋的關鍵字設定為年輕族群會搜尋的字眼，如著名的下載網站「史萊姆的第一個家」。雖然賣手機和檔案下載沒有直接的關係，但是年輕人搜尋時就會看到自己的網站。

在電子報的寄發方面，范崇蔚利用搜括軟體來收集電子郵件的位址，並利用設計得當的郵件主旨來吸引收信人閱讀內容。為了使收信者樂於轉寄，驚爆點行銷設計了許多有算

命及問卷功能的郵件，使其廣告可以不斷被轉寄，達成「病毒式行銷」的目的。

　　有關於購物網站的架設，范崇蔚表示，當潛在客戶利用搜尋引擎或是電子郵件等管道找到網站，經營者一定要把客戶心中想要看的東西，立刻清楚的呈現在客戶的眼前。例如：一個客戶以膠原蛋白為關鍵字找到相關的網站，他是否會真的下單，決定要素在於網站是否把膠原蛋白的相關資訊放在顯而易見的地方。

　　范崇蔚對目前多數購物網站的設計提出一些批評與建議，他認為提供的圖片資料都太少，通常只有一張點選後放大的圖，而要吸引消費者購買必須提供夠多的商品資料。

　　就驚爆點行銷的業務招徠，范崇蔚表示，沒有人會直接在網站上訂購價格高達萬元的課程，但是可以利用網站傳播的訊息吸引網友花300元來聽一場說明會。而利用說明會的成功展示，大多數的人都會加入正式的課程。

創業小心得

　　驚爆點網際行銷在初創辦時，也開設電腦教學課程，但是為了進行電腦教學，必需買進大量的電腦，投資金額龐大，因此很快的，調整經營方向，告訴學生網路不等於電腦，並專心進行網路行銷教育的業務，於是學員不用電腦也可以上課。

未來發展計畫

有關於公司未來的發展，范崇蔚則指出，電子商務有3大問題工具、行銷技巧及商品利益的問題。所謂商品利益是指目前多半的電子商務業者必須以低價促銷，因此獲利能力不佳，而公司未來則希望成立商品資料庫，做為業者決定商品組合的平台，以克服商品利益力不佳的問題。

附錄一

中國大陸網域名稱註冊管理機構

● 北京萬網新興網路技術有限公司（中國萬網）

地　　址：北京市東城區鼓樓外大街27號萬網大廈3層

郵　　編：100011

電　　話：010-8412 2277/6424 2299

傳　　真：010-8413 4247

電子郵件：cnadm@hichina.com

公司網址：http://www.net.cn/

● 廈門三五互聯科技有限公司

地　　址：廈門市嘉禾路267號惠元大廈八樓

郵　　編：361012

電　　話：0592-5391800

傳　　真：0592-5391808

電子郵件：guonei@china-channel.com

公司網址：http://www.china-channel.com/

● 北京中企網動力數碼科技有限公司(中國企業網)

地　　址：北京海澱區西三環中路甲21號企業網大廈

郵　　編：100036

電　　話：010-63982266

傳　　真：010-63983401

電子郵件：service@ce.net.cn

公司網址：http://www.ce.net.cn/

● 商務中國

地　　址：	廈門軟體園盛世大廈1之4樓（軟體技術服務大樓裙樓）
郵　　編：	361005
電　　話：	0592-2577888
傳　　真：	0592-2577111
電子郵件：	sales@bizcn.com
公司網址：	http://www.bizcn.com/

● 廈門中資源網路服務有限公司

地　　址：	廈門市白鷺洲路普利花園大廈19層
郵　　編：	361004
電　　話：	0592-2222318
傳　　真：	0592-2220123
電子郵件：	web@cnolnic.com
公司網址：	http://www.cnolnic.net.cn/

● 上海慧百網路服務有限公司

地　　址：	上海南丹東路109號科技大廈8樓
郵　　編：	200030
電　　話：	021-51185000
傳　　真：	021-51185118
電子郵件：	web@huibai.cn
公司網址：	http://www.huibai.cn/

● 北京新網互聯科技有限公司

地　　址：	北京海澱區中關村東路18號財智國際大廈C座2008室
郵　　編：	100083
電　　話：	010-82601212
傳　　真：	010-82600265
電子郵件：	cnreg@dns.com.cn
公司網址：	http://www.dns.com.cn/

廣東互易科技有限公司

地　　址：廣東省廣州市體育西路57號紅盾大廈8樓

郵　　編：510620

電　　話：020-85587888

傳　　真：020-85587818

電子郵箱：huyi@8hy.cn

公司網址：http://www.8hy.cn/

● 環球互易資訊（控股）集團・香港有限公司

地　　址：香港中環金鐘道89號力寶中心第一座33樓3303號

電　　話：00852-25256008

客服熱線：00852-25256008

傳　　真：00852-25251105

電子郵箱：hongkong@8hy.cn

公司網址：http://www.huyi.cn/

● 北京通聯無限科技發展有限公司

地　　址：北京首體南路6號新世紀飯店寫字樓18層1859

郵　　編：100044

聯繫電　話：68492399

傳　　真：68492230

電子郵箱：admin@xinnet.net

公司網址：http://www.topbiz.cn/

● 北京萬維通港科技有限公司(你好萬維網)

地　　址：北京市海澱區學院南路皀君廟14號鑫三元服務中心
　　　　　402/406室

郵　　編：100081

電　　話：010-62132381

傳　　真：010-62118241

電子郵箱：domain@nihao.net

公司網址：http://www.nihao.net.cn/

● 北京搜狐線上網路資訊服務有限公司

地　　址： 北京市海澱區中關村東路1號院威新國際大廈12層
郵　　編： 100084
電　　話： 010-62728800
傳　　眞： 010-62728300
電子郵箱： sohu@sohu.net
公司網址： http://www.sohu.com/

● 北京中科三方網路技術有限公司

地　　址： 北京市海澱區中關村南4街4號1號樓108室
郵　　編： 100080
電　　話： 010-8008106660
傳　　眞： 62650653
電子郵件： sales@sanfront.com.cn
公司網址： http://www.sfn.com.cn/

● 時代互聯信息技術有限公司

地　　址： 珠海市人民東路221號西海大廈6樓B
編　　碼： 519001
電　　話： 0756-2281070
傳　　眞： 0756-2282526
電子郵件： market@now.net.cn
公司網址： http://www.now.net.cn/

● 北京泛迪聯合科技有限公司（企業網通）

地　　址： 北京市朝陽區三里屯西六街6號乾坤大廈B座3樓
郵　　編： 10060
電　　話： 010-51295060
傳　　眞： 010-84510924
電子郵件： webmaster@cncbz.com
公司網址： http://www.cncbz.com/

● 北京東方網景資訊科技有限公司

地　　址： 北京市海澱區知春路63號衛星大廈11樓1101室

郵　　編： 100080

電　　話： 010-82615500

傳　　眞： 010-68747667

電子郵件： support@east.net

公司網址： http://www.east.net/

● 網路中文資訊股份有限公司

地　　址： 臺北市敦化南路一段57號11樓之5

郵　　編： 10558

電　　話： 886-2-2578-2728

傳　　眞： 886-2-2578-0653

電子郵件： service@net-chinese.com.tw

公司網址： http://www.net-chinese.com.tw/

● 北京信諾立興業網路通信技術有限公司

地　　址： 北京市宣武區香爐營頭條33號院1號樓昆明大廈二樓

編　　碼： 100052

電　　話： 010-63169899

傳　　眞： 010-63169960

電子郵件： domain@sinonets.net.cn

公司網址： http://www.sinonets.com.cn/

● 中文功能變數名稱有限公司

地　　址： 香港銅鑼灣百德新街2號_隆中心22樓

電　　話： (852) 2894-1829

傳　　眞： (852) 2577-3509

電子郵件： support@c-dn.com

公司網址： http://www.c-dn.com/

● 香港資訊聯網有限公司

地　　址：香港新界葵湧貨櫃碼頭路88號永得利廣場2座15樓

電　　話：852-2110-3388

傳　　眞：852-2110-0078

電子郵件：sales@hknet.com

公司網址：http://www.hknet.com/

● 北京首信網創網路資訊服務有限責任公司

地　　址：北京市西三環中路11號

編碼：100036

電　　話：88511155（總機）；網域註冊業務 分機：5613

傳　　眞：68475806

電子郵件：idc@capinfo.com.cn

公司網址：http://www.cpip.net.cn/

● 北京國政通網路科技有限公司

地　　址：北京市海澱區北太平莊路25號豪威大廈5樓

郵　　編：100088

電　　話：010-62381019

傳　　眞：010-62381025

電子郵件：gov@govonline.cn

公司網址：http://www.govonline.cn/

● 賽爾網路有限公司（總部）

地　　址：北京中關村東路1號院清華科技園8號樓B座

郵　　編：100084

電　　話：010-62276655

傳　　眞：010-85181010

電子郵件：contact@staff.cernet.com

公司網址：http://www.cernet.com/

● 北京愛思美網科技發展有限公司

地　　址：北京市西城區月壇西街甲5號，康侯商務會館303室

郵　　編：100045

電　　話：010-68011138

傳　　眞：010-68059720

電子郵件：service@ism.net.cn

公司網址：http://www.ism.net.cn/

● 河南互易科技有限公司

地　　址：河南省鄭州市文化路115號金茂大廈B座12樓

郵　　編：450000

電　　話：0371-63576717

傳　　眞：0371-63576726

電子郵件：henan@8hy.cn

公司網址：http://www.huyi.cn/

● 四川省互易網路科技有限公司

地　　址：四川省成都市科華北路153號宏地大廈9樓

郵　　編：610021

電　　話：028-85256109

傳　　眞：028-85252560

電子郵件：sichuan@8hy.cn

公司網址：http://www.huyi.cn/

● 北京中西泰安技術服務有限公司（中西功能變數名稱）

地　　址：北京市海澱區上地科貿大廈314室

郵　　編：100085

電　　話：010-62976692/82782460

傳　　眞：010-62981256

電子郵件：webmaster@netcn.net

公司網址：http://www.netcn.net/

● 蘇州網路神電子商務技術有限責任公司

地　　址：常熟東南開發區(高新區)香江路網路神軟體園

郵　　編：215500

電　　話：0512-52839777 52839831　52839832　52839833

傳　　眞：0512-52839911　52839922　52839933

電子郵件：info@yeahi.cn

公司網址：http://www.yeahi.cn/

● 銘萬信息技術有限公司

地　　址：北京市安定門外大街191號天鴻寶景大廈西配樓2樓

郵　　編：100011

電　　話：010-64401192

傳　　眞：010-64401189

電子郵件：service@mainone.cn

公司網址：http://www.mainone.com/

● 廣東省電信有限公司資料通信局

地　　址：廣州市東園橫路1號

郵　　編：510110

電　　話：020-83788888

傳　　眞：020-83788822

電子郵件：dns@gddc.com.cn

公司網址：http://www.gddc.com.cn/

● 上海資訊產業（集團）有限公司

地　　址：上海浦東新區福山路380號6樓

郵　　編：200122

電　　話：8621-68769119或應用業務部68763429，客戶熱線
　　　　　68763044

傳　　眞：8621-68769993

電子郵件：app@shaidc.com

公司網址：http://www.shaidc.com/

● 浙江省電信有限公司

地　　址：杭州市延安路378號

郵　　編：310006

電　　話：0571-87080702

傳　　眞：0571-87015514

電子郵件：domain@zjdomain.com

公司網址：http://www.zjdomain.com/

● 北京神州長城通信技術發展中心

地　　址：北京市復興路20號

郵　　編：100840

電　　話：66817921　　66806655

傳　　眞：66813424

電子郵件：webmaster@cgw.net.cn

公司網址：http://www.cgw.cn/

● 國家機關事業單位域名註冊網

地　　址：北京市朝陽門大街225號500室

郵　　編：100010

電　　話：010-65285395或010-85115497

傳　　眞：010-85115496或010-65285393

電子郵件：webserver@chinaorg.cn

公司網址：http://www.chinagov.cn

● 杭州網通互聯科技有限公司（第一商務）

地　　址：杭州文三路259號昌地火炬大廈A-17樓

郵　　編：310012

電　　話：0571-88276888（總機）　8827-6800

傳　　眞：0571-88276777

電子郵件：Service@Ecentral.Cn

公司網址：http://www.zjnic.com/

● 重慶電信增值業務中心

地　　址：重慶市南方花園C1區科園四路雅典樓4樓

郵　　編：400041

電　　話：023-68882887

傳　　眞：023-68637647

電子郵件：cqonline@online.cq.cn

公司網址：http://www.online.cq.cn

附錄二

國際性網域名稱註冊管理機構

.aero Aviation　　http://www.nic.aero/

.biz Business Organizations　　http://www.nic.biz/

.com Commercial　　http://www.internic.net/

.coop Co-Operative Organizations　　http://www.nic.coop/

.edu Educational　　http://www.educause.edu/

.info Open TLD　　http://www.afilias.info/

.int International Organizations　　http://www.iana.org/int-dom/int.htm

.mil US Dept of Defense　　http://www.nic.mil/

.museum Museums　　http://www.nic.museum/

.name Personal　　http://www.nic.name/

.net Networks　　http://www.internic.net/.org

Organizations　　http://www.pir.org/appreg.html

附錄三

世界各國網域名稱註冊管理機構

AC Ascension Island 阿森松島　http://www.nic.ac/

AD Andorra 安道爾　http://www.nic.ad/

AE United Arab Emirates 阿拉伯聯合大公國　http://www.uaenic.ae/

AF Afghanistan 阿富汗　http://www.nic.af/

AG Antigua and Barbuda 安地卡及巴布達　http://www.nic.ag/

AI Angola 安圭拉　http://www.offshore.com.ai/domain_names/

AL Albania 阿爾巴尼亞　http://www.inima.al/Domains.html

AM Armenia 亞美尼亞　http://www.amnic.net/

AN Netherlands Antilles 荷屬安的列斯群島　http://www.una.an/an_domreg/

AO Angola 安哥拉　http://www.fccn.pt/

AQ Antarctica 南極洲　http://www.nsrc.org/db/lookup/ISO=AQ

AR Argentina 阿根廷　http://www.nic.ar/

AS American Samoa 薩摩亞　http://www.nic.as/

AT Austria 奧地利　http://www.nic.at/de/index/index/index.asp

AU Australia 澳大利亞　http://www.auda.org.au/

AW Aruba 阿魯巴　http://www.setarnet.aw/

AZ Azerbaijan 亞塞拜然　http://www.az/

BA Bosnia and Herzegovina 波士尼亞　http://www.utic.net.ba/

BB Barbados 巴貝多　http://domains.org.bb/

BD Bangladesh 孟加拉　http://www.bttb.gov.bd/

BE Belgium 比利時　http://www.dns.be/intro.htm

BF Burkina Faso 布吉納法索　http://www.onatel.bf/

BG Bulgaria 保加利亞　http://www.register.bg/

BH Bahrain 巴林　http://www.inet.com.bh/

BI Burundi 蒲隆地　http://www.nic.bi/

BJ Benin 貝南　　尚無官方註冊管理機構

BM Bermuda 百慕達　http://www.bermudanic.bm/

BN Brunei Darussalam 汶萊　http://www.brunet.bn/brunet/brunetjv.htm

BO Bolivia 玻利維亞　http://www.nic.bo/

BR Brazi 巴西　http://www.nic.br/nic.html

BS Bahamas 巴哈馬　http://www.nic.bs/

BT Bhutan 不丹　http://www.nic.bt/

BV Bouvet Island 波維特島　尚無官方註冊管理機構

BW Botswana 波札那　http://www.btc.bw/

BY Byelorussian SSR 白俄羅斯　http://tld.by/

BZ Belize 貝里斯　http://www.belizenic.bz/

CA Canada 加拿大　http://www.cira.ca/

CC COCOS Islands 可可斯群島（椰子島）　http://www.nic.cc/

CD Democratic Republic of Congo 民主黨剛果共和國　http://www.cd/

CF The Central African Republic 中非共和國　http://www.socatel.intnet.cf/

CG Congo 剛果　http://www.nic.cg/

CH Switzerland 瑞士　http://www.nic.ch/

CI Ivory Coast 象牙海岸　http://www.nic.ci/

CK Cook Island　ÏßJ∏sÆq
http://www.oyster.net.ck/about/index.php?about=domain

CL Chile 智利　http://www.nic.cl/

CM Cameroon 喀麥隆　http://info.intelcam.cm/

CN China 中國大陸　http://www.cnnic.net.cn/en/index/index.htm

CO Colombia 哥倫比亞　http://nic.uniandes.edu.co/

CR Costa Rica 哥斯大黎加　http://www.nic.cr/

CU Cuba 古巴　http://www.nic.cu/

CV Cape Verde 維德角　尚無官方註冊管理機構

CX Christmas Island 耶路撒冷　http://www.nic.cx/

CY Cyprus 賽普勒斯　http://www.nic.cy/

CZ Czech Republic 捷克共和國　http://www.nic.cz/

DE Germany 德國　http://www.denic.de/de/

DJ Djibouti 吉布地　http://www.adjib.dj/

DK Denmark 丹麥　http://www.dk-hostmaster.dk/

DM Dominica 多明哥　http://www.dotdm.dm/

DO Dominica 多米尼加　http://www.nic.do/

DZ Algeria 阿爾及利亞　http://www.nic.dz/

EC Ecuador 厄瓜多　http://www.nic.ec/

EE Estonia 愛沙尼亞　http://www.eenet.ee/services/subdomains.html

EG Egypt 埃及　http://www.frcu.eun.eg/

EH West Sahara 西撒哈拉　尚無官方註冊管理機構

ES Spain 西班牙　http://www.nic.es/

ET Ethiopia 衣索比亞　http://www.telecom.net.et/

EU European Union 歐盟　http://www.eurid.org/

FI Finland 芬蘭　https://domain.ficora.fi/fiDomain/aca.aspx

FJ Fiji 斐濟　http://domains.fj/

FK Falkland Islands 福克蘭群島　http://www.fidc.co.fk/dotfk/dotfk.htm

FM Micronesia 密克羅尼西亞　http://www.dot.fm/

FO Faroe Islands 法羅群島　http://www.nic.fo/

FR France 法國　http://www.afnic.fr/

GA Gabon 加彭　尚無官方註冊管理機構

GB United Kingdom 英國　http://www.nic.uk/

GD Grenada 格瑞納達　尚無官方註冊管理機構

GE Georgia 喬治亞　http://www.nic.net.ge/

GF French Guiana 法屬圭亞那　http://www.nplus.gf/

GG Guernsey 根西島　http://www.isles.net/

GH Ghana 迦納　http://www.ghana.com/domain.htm

GI Gibraltar 直布羅陀　http://www.nic.gi/

GL Greenland 格陵蘭　http://www.nic.gl/

GM Gambia 甘比亞　http://www.nic.gm/

GN Guinea 幾內亞　http://www.psg.com/dns/gn/

GP Guadeloupe 瓜德魯普島　http://www.nic.gp/

GQ Equatorial Guinea 赤道幾內亞　http://www.getesa.gq/

GR Greece 希臘　http://www.gr/

GS South Georgia and the South Sandwich Islands 南佐治亞和南桑威奇島
http://www.adamsnames.tc/

GT Guatemala 瓜地馬拉　http://www.gt/

GU Guam 關島　http://gadao.gov.gu/

GW Guinea-Bissau 幾內亞比索　尚無官方註冊管理機構

GY Guyana 圭亞那　尚無官方註冊管理機構

HK Hong Kong 香港　http://www.hkdnr.net.hk/hkdnr/

HM Heard and McDonald Islands 赫德及麥當勞群島
http://www.registry.hm/

HN Honduras 宏都拉斯　http://www.nic.hn/

HR Croatia 克羅埃西亞　http://www.dns.hr/

HT Haiti 海地　http://www.rddh.org/

HU Hungary 匈牙利　http://www.nic.hu/

ID Indonesia 印度尼西亞　http://www.idnic.net.id/

IE Ireland 愛爾蘭　http://www.domainregistry.ie/

IL Israel 以色列　http://www.isoc.org.il/

IM Isle of Man 地曼島　http://www.nic.im/

IN India 印度　http://www.registry.in/

IO British Indian Ocean Territory 英聯邦的印度洋領域　http://www.nic.io/

IQ Iraq 伊拉克　尚無官方註冊管理機構

IR Iran 伊朗　http://www.nic.ir/

IS Iceland 冰島　http://www.isnic.is/

IT Italy 意大利　http://www.nic.it/

JE Jersey 澤西島　http://www.isles.net/

JM Jamaica 牙買加　http://www.com.jm/

JO Jordan 約旦　http://www.nic.gov.jo/dns

JP Japan 日本　http://www.nic.ad.jp/

KE Kenya 肯亞　http://www.kenic.or.ke/

KG Kyrgyzstan 吉爾吉斯　http://www.domain.kg/

KH Cambodia 高棉(柬埔寨)　http://www.mptc.gov.kh/

KI Kiribati 吉里巴斯　http://www.ki/

KM Comoros 科摩羅　尚無官方註冊管理機構

KN St. Kitts and Nevis 聖克里斯多福及尼維斯　尚無官方註冊管理機構

KP Democratic People's Rep. of Korea 北韓　尚無官方註冊管理機構

KR Republic of　Korea 南韓 http://www.nic.or.kr/

KW Kuwait 科威特　http://www.kw/

KY Cayman Islands 開曼群島　http://www.nic.ky/

KZ Kazakhstan 哈薩克　http://www.nic.kz/

LA Laos 寮國　http://www.la/

LB Lebanon 黎巴嫩　http://www.aub.edu.lb/lbdr/

LC St. Lucia 聖露西亞　http://www.isisworld.lc/domains/

LI Liechtenstein 列支敦斯登　http://www.switch.ch/id/

LK Sri Lanka 斯里蘭卡　http://www.nic.lk/

LR Liberia 賴比瑞亞　http://www.psg.com/dns/lr/

LS Lesotho 賴索托　http://www.co.ls/

LT Lithuania 立陶宛　http://www.domreg.lt/

LU Luxembourg 盧森堡　http://www.dns.lu/fr/

LV Latvia 拉脫維亞　http://www.nic.lv/DNS/

LY Libya 利比亞　http://www.nic.ly/

MA Morocco 摩洛哥 http://www.internic.ma/

MC Monaco 摩納哥 http://www.nic.mc/

MD Moldova 摩爾多瓦 http://www.register.md/

MG Malagasy 馬達加斯加 http://www.nic.mg/

MH Marshall Islands 馬紹爾群島 http://www.nic.net.mh/

MK Macedonia 馬其頓 http://www.mt.net.mk/

ML Mali 馬利 尚無官方註冊管理機構

MM Burma 緬甸 http://www.nic.mm/

MN Mongolia 蒙古 http://www.nic.mn/

MO Macao 澳門 http://www.monic.net.mo/page.php

MP Northern Mariana Islands 北馬力安那群島
http://www.marketplace.mp/

MQ Martinique 聖馬丁 http://www.nic.mq/

MR Mauritania 茅利塔尼亞 http://www.univ-nkc.mr/nic_mr.html

MS Montserrat 蒙瑟拉特島 http://www.adamsnames.tc/

MT Malta 馬爾他 http://www.nic.org.mt/

MU Mauritius 模里西斯 http://www.nic.mu/

MV Maldives 馬爾地夫 http://webkor.com/domains/international/mv.htm

MW Malawi 馬拉威 http://www.registrar.mw/

MX Mexico 墨西哥 http://www.nic.mx/

MY Malaysia 馬來西亞 http://www.mynic.net/

MZ Mozambique 莫三比克 以電子郵件聯繫 mabila@nambu.uem.mz

NA Namibia 納米比亞 http://www.na-nic.com.na/

NC New Caledonia 新加勒多尼亞 http://www.cctld.nc/

NE Niger 尼日 尚無官方註冊管理機構

NF Norfolk Island 諾福克群島 http://www.names.nf/

NG Nigeria 奈及利亞 http://psg.com/dns/ng/

NI Nicaragua 尼加拉瓜 http://165.98.1.2/

NL Netherlands 荷蘭 http://www.domain-registry.nl/

NO Norway 挪威 http://www.norid.no/

NP Nepal 尼泊爾　http://www.mos.com.np/

NR Nauru 諾魯　http://cenpac.net.nr/dns/index.html

NT Neutral Zone 中立區　尚無官方註冊管理機構

NU Niue 紐威島　http://www.nic.nu/

NZ New Zealand 紐西蘭　http://www.dnc.org.nz/

OM Oman 阿曼　http://www.omnic.om/omnic/index.htm

PA Panama 巴拿馬　http://www.nic.pa/

PE Peru 秘魯　http://www.nic.pe/

PF French Polynesia 法屬玻里尼西亞　尚無官方註冊管理機構

PG Territory of　Papua 巴布亞新幾內亞
http://www.unitech.ac.pg/Unitech_General/ITS/ITS_Dns.htm

PH Philippines 菲律賓 http://www.domreg.org.ph/

PK Pakistan 巴基斯坦　http://www.pknic.net.pk/

PL Poland 波蘭　http://www.dns.pl/english/index.html

PM St. Pierre and Miquelon 聖皮耳　http://www.nic.pm/

PN Pitcairn Islands 皮特開恩群島　http://www.nic.pn/

PR Puerto Rico 波多黎各　http://www.prdomain.pr/

PS Palestine 巴勒斯坦　http://www.nic.ps/

PT Portugal 葡萄牙　http://www.fccn.pt/DNS/

PW Palau 帛琉　尚無官方註冊管理機構

PY Paraguay 巴拉圭　http://www.nic.py/

QA Qatar 卡達　http://www.qatar.net.qa/

RE Reunion Island 留尼旺島　http://www.afnic.re/

RO Romania 羅馬尼亞　http://www.rnc.ro/new/welcome.shtml

RU Russia 俄羅斯聯邦　http://www.nic.ru/en/

RW Rwanda 盧安達　http://www.nic.rw/

SA Saudi Arabia 沙烏地阿拉伯　http://www.saudinic.net.sa/

SB Solomon Islands 所羅門群島　http://www.sbnic.net.sb/

SC Seychelles 塞席爾　http://www.nic.sc/

SD Sudan 蘇丹　http://www.isoc.sd/

SE Sweden 瑞典　http://www.nic-se.se/

SG Singapore 新加坡　http://www.nic.net.sg/

SH St. Helena 聖赫勒拿島　http://www.nic.sh/

SI Slovene 斯洛法尼亞　http://www.arnes.si/si-domene/

SJ Svalbard and Jan Mayen Islands 凡帝　尚無官方註冊管理機構

SK Slovakia 斯洛伐克　http://www.sk-nic.sk/

SL Sierra Leone 獅子山　尚無官方註冊管理機構

SM San Marino 聖馬利諾　http://www.intelcom.sm/Naming/

SN Senegal 塞內加爾　http://www.nic.sn/

SO Somali 索馬利亞　http://www.nic.so/

SR Surinam 蘇利南　http://www.sr.net/domein.html

ST Sao Tome and Principe 聖多美及普林西比　http://www.nic.st/

SU USSR(formerly) 蘇聯(前)　http://www.ripn.net/nic/

SV El Salvador 薩爾瓦多　http://www.svnet.org.sv/

SY Syria 敘利亞　http://www.ste.gov.sy/

SZ Swaziland 史瓦濟蘭 http://www.sispa.org.sz/

TC The Turks & Caicos Islands 土克斯及開科斯群島
http://www.adamsnames.tc/

TD Chad 查德　http://www.tit.td/

TF French Southern Territories 法屬南部屬地　http://www.nic.tf/

TG Togo 多哥　http://www.nic.tg/

TH Thailand 泰國　http://www.thnic.net/

TJ Tajikistan 塔吉克　http://www.nic.tj/

TK Tokelau 托克勞群島　http://www.tk/

TL East Timor 東帝汶　http://www.nic.tl/

TM Turkmenistan 土庫曼　http://www.nic.tm/

TN Tunisia 突尼西亞　http://www.ati.tn/Nic/

TO Tonga 東加　http://www.tonic.to/

TR Turkey 土耳其　https://www.nic.tr/

TT Trinidad and Tobago 千里達及托貝哥　http://www.nic.tt/

TV Tuvalu 吐瓦魯　http://www.tv/

TW Taiwan 台灣　http://www.twnic.net/

TZ Tanzania 坦尙尼亞　http://www.psg.com/dns/tz/

UA Ukraine 烏克蘭　http://www.nic.net.ua/

UG Uganda 烏干達　http://www.registry.co.ug/

UK England 英國（正式代碼爲GB）http://www.nic.uk/

UM United States Minor Outlying Islands 美屬邊疆群島 http://www.nic.us/

US America 美國　http://www.nic.us/

UY Uruguay 烏拉圭　http://www.rau.edu.uy/rau/dom/

UZ Uzbekistan 烏茲別克　http://www.noc.uz/

VA Vatican 梵蒂岡　尙無官方註冊管理機構

VC St. Vincent and the Grenadines 聖文森及格http://www.idotz.net/vc/

VE Venezuela 委內瑞拉　http://www.nic.ve/

VG Virgin Islands(British) 英屬維爾京群島（英）
http://www.adamsnames.tc/

VI Virgin Islands（U.S）英屬維爾京群島（美）　http://www.nic.vi/

VN Vietnam 越南　http://www.vnnic.net.vn/english/index.html

WF Wallis and Futuna Islands 沃利斯和富圖納群島 http://www.nic.fr/

WS Western Samoa 西薩摩亞　http://www.samoanic.ws/

YE Yemen 葉門　尙無官方註冊管理機構

YT Mayotte 馬約特島　尙無官方註冊管理機構

YU Yugoslavia 南斯拉夫　http://www.nic.yu/

ZA South Africa 南非　http://co.za/

ZM Zambia 尙比亞　http://www.zamnet.zm/

ZR Zaire 扎伊爾　http://www.nic.cd/

ZW Zimbabwe 辛巴威　http://www.zispa.org.zw/

ZZ Other 其他國家　尙無官方註冊管理機構

三色菫 PANSY

網路創業成功密碼

作　　者：盧旭
出 版 者：葉子出版股份有限公司
企劃主編：萬麗慧
文字編輯：嚴嘉雲
美術編輯：華漢電腦排版有限公司
印　　務：許鈞棋
登 記 證：局版北市業字第677號
地　　址：台北市新生南路三段88號7樓之3
電　　話：（02）2366-0309　傳真：（02）2366-0310
讀者服務信箱：service@ycrc.com.tw
網　　址：http://www.ycrc.com.tw
郵撥帳號：19735365　　　　戶名：葉忠賢
印　　刷：大象彩色印刷製版股份有限公司
法律顧問：煦日南風律師事務所
初版一刷：2006年4月　　　新台幣：220元
I S B N：986-7609-89-1

10 PS. 4, 15

國家圖書館出版品預行編目資料

網路創業成功密碼 / 盧旭著. -- 初版. -- 臺
北市：葉子, 2006[民95]
面；　公分. --（三色菫）
ISBN 986-7609-89-1（平裝）

1. 電子商業　2. 創業
490.29　　　　　　　94026311

總 經 銷：揚智文化事業股份有限公司
地　　址：台北市新生南路三段88號5樓之6
電　　話：(02)2366-0309
傳　　真：(02)2366-0310

※本書如有缺頁、破損、裝訂錯誤，請寄回更換

葉子出版股份有限公司
讀·者·回·函

感謝您購買本公司出版的書籍。
為了更接近讀者的想法，出版您想閱讀的書籍，在此需要勞駕您詳細為我們填寫回函，您的一份心力，將使我們更加努力！！

1.姓名：＿＿＿＿＿＿＿＿
2.性別：□男　□女
3.生日/年齡：西元＿＿＿＿年＿＿＿＿月＿＿＿＿日＿＿＿＿歲
4.教育程度：□高中職以下 □專科及大學 □碩士 □博士以上
5.職業別：□學生□服務業□軍警□公教□資訊□傳播□金融□貿易
　　　　　□製造生產□家管□其他＿＿＿＿
6.購書方式/地點名稱：□書店＿＿＿＿ 販店＿＿＿＿ □網路＿＿＿＿
　　□郵購＿＿＿＿ □書展＿＿＿＿ □其他＿＿＿＿
7.如何得知此出版訊息：□媒體＿＿ □書訊＿＿ □書店＿＿ □其他＿＿
8.購買原因：□喜歡作者□對書籍內容感興趣□生活或工作需要□其他
9.書籍編排：□專業水準□賞心悅目□設計普通□有待加強
10.書籍封面：□非常出色□平凡普通□毫不起眼
11.E-mail：＿＿＿＿＿＿＿＿＿＿＿＿＿＿＿＿＿＿＿＿
12.喜歡哪一類型的書籍：＿＿＿＿＿＿＿＿＿＿＿＿＿＿＿＿＿
13.月收入：□兩萬到三萬□三到四萬□四到五萬□五萬以上□十萬以上
14.您認為本書定價：□過高□適當□便宜
15.希望本公司出版哪方面的書籍：
16.本公司企劃的書籍分類裡，有哪些書系是您感到興趣的？
　　□忘憂草（身心靈）□愛麗絲（流行時尚）□紫薇（愛情）□三色堇（財經）
　　□銀杏（健康）□風信子（旅遊文學）□向日葵（青少年）
17.您的寶貴意見：

＿＿＿＿＿＿＿＿＿＿＿＿＿＿＿＿＿＿＿＿＿＿＿＿＿＿＿＿＿

☆填寫完畢後，可直接寄回（免貼郵票）☆
我們將不定期寄發新書資訊，並優先通知您其他優惠活動，再次感謝您！！

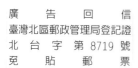

Leaves
Publishing

書號 L4306　　書名 網路創業成功密碼

Leaves
Publishing

根
以讀者爲其根本

莖
用生活來做支撐

葉
引發思考或功用

果
獲取效益或趣味